MOYU

KANGBING ZHONGZHI XINJISHU

周 燚 孙正祥 鲁红学 刘晓敏 编著

魔芋 抗病种植
新技术

U0376841

化学工业出版社
·北京·

图书在版编目（CIP）数据

魔芋抗病种植新技术／周燚，孙正祥，鲁红学，刘晓敏编著．
北京：化学工业出版社，2013.5（2025.3 重印）
ISBN 978-7-122-16855-9

Ⅰ.①魔… Ⅱ.①周…②孙…③鲁…④刘… Ⅲ.①芋－病
虫害防治②芋－蔬菜园艺 Ⅳ.① S435.3 ② S632.3

中国版本图书馆 CIP 数据核字（2013）第 060056 号

责任编辑：邵桂林　张林爽　　　　文字编辑：赵爱萍
责任校对：吴　静　　　　　　　　装帧设计：刘丽华

出版发行：化学工业出版社
　　　　　（北京市东城区青年湖南街13号　邮政编码100011）
印　　装：北京天宇星印刷厂
850mm×1168mm　1/32　印张 5¹/₂　字数 100 千字
2025 年 3 月北京第 1 版第 20 次印刷

购书咨询：010-64518888
售后服务：010-64518899
网　　址：http://www.cip.com.cn
凡购买本书，如有缺损质量问题，本社销售中心负责调换。

定　　价：25.00 元　　　　　　　　版权所有　违者必究

前言

魔芋为天南星科魔芋属(*Amorphophallus*)多年生林下草本植物，全世界的魔芋根据其地下球茎中主含成分不同可划分为2类：主含淀粉的魔芋和主含葡甘聚糖的魔芋。主含淀粉的魔芋分布于热带地区（如印度、印度尼西亚、非洲等地），主含葡甘聚糖的魔芋分布于东亚、东南亚国家，包括中国、日本、缅甸、越南、泰国、柬埔寨等地。日本是最早规模化种植葡甘聚糖类型魔芋的国家，中国是最大的魔芋（主含葡甘聚糖类型）生产和出口国，在中国，魔芋产地主要分布于云南、贵州、四川、重庆、湖北、湖南、陕西等地。

葡甘聚糖的用途非常广泛，在农业（农用地膜、种子包衣剂、化肥缓释剂、保水剂）、化工（墙体涂料、农药助剂）、食品加工（魔芋面条、粉丝）、医药（减肥冲剂、低聚糖）、卫生（尿不湿、卫生巾等）、化妆品（面膜、保湿因子）、石油开采（油井填充剂）等领域发挥着重要作用。

全球对魔芋葡甘聚糖的需求约8×10^7kg，但每年全球的产量不足4×10^7kg。魔芋整个产业链中发展的瓶颈是原材料严重不足，导致国内鲜魔芋价格节节攀升，从2005

年的 1.6 元/kg 上涨到 2010 的 4.4 元/kg，现在基本维持在 4 ～ 4.6 元/kg。魔芋规模化种植在中国的发展历史较短，只有 20 多年时间，但种植面积迅速扩展到 150 万亩左右，现在面临的主要问题是病害发生特别严重，特别是软腐病的危害，一般田间损失达 15% ～ 30%，严重的可达 80% 甚至绝收。目前魔芋抗病品种缺乏、化学农药防治效果不佳、栽培技术体系不完善。在这一背景之下，我们把自己多年研究魔芋的相关技术进行系统总结、提炼，编写成书，使之成为一套行之有效的种植技术，既节约成本，又可达到丰产、抗病的效果。本书力争使芋农看得明白，建立操作简单、抗病效果明显的魔芋种植体系。

作者

2013.1

目录

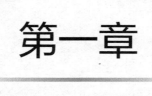

第一章

魔芋的生长
习性

第一章

奥妙的生化

生活

第一节

适宜魔芋生长的条件要求

全世界的魔芋有130多种，主要分布在东南亚和非洲，美洲和欧洲没有相应的记载，地下球茎中的葡甘聚糖是魔芋的主要收获对象。中国现已记载的魔芋资源有30多种，其中16种为中国特有，已进行产业化开发的有花魔芋、白魔芋和珠芽魔芋。从种植面积来看，花魔芋的面积最大，白魔芋次之，珠芽魔芋的种植面积虽然最小，但呈逐年上升趋势。目前中国总的魔芋种植面积约为150万亩，其中商品魔芋的种植面积约为100万亩，种芋的种植面积约有50万亩左右。现在魔芋规模化种植的产量不高，商品魔芋的平均产量只有1×10^3kg左右，远不及日本的$(1.5\sim2)\times10^3$kg水平，主要是我们在规模化种植魔芋时，一方面种植技术还不成熟、种植水平不高；另一方面魔芋生长条件未达到魔芋生长习性的要求。

与许多作物相比，魔芋生长对环境条件要求比较苛刻。从魔芋的自然分布上看，从平原到海拔1500m的高山，均有野生、半野生的魔芋资源分布，其对环境的适应性似乎很强。但从人工规模化栽培情况看，海拔400m以下的地区，在大田规模化种植的魔芋多数以失败告终，仅有小气候环境特殊的林荫地和房前屋后的场所栽培有少量魔芋；在海拔400～800m地区，大田规模化种植的魔芋由于病害的侵染，失败的也不少；海拔800m以上的高山，种植魔芋失败的很少，其适宜区域似乎很窄。现在，人工栽培魔芋要获得高产（较高的膨大系数），对环境条件要求相当苛刻，如果环境条件适宜，魔芋生长健壮，极少发病，产量较高；否则魔芋不仅易发病，而且产量较低甚至有种无收。那么，魔芋生长必须满足哪些条件呢？

1. 温度

魔芋生长的起始温度为16℃，最高温度为43℃，最适温度为20～30℃。温度过低，魔芋有效生长时间较短，年膨大率较低，而且块茎可能遭受冻害；温度过高，魔芋叶片容易被灼伤，致使魔芋病害加重，甚至直接导致魔芋植株死亡。因此，魔芋既不适宜在温度较高且无遮阴环境的低海拔地区大面积种植，也不适宜在气候异常寒冷、年有效积温不足的高海拔地区发展。

当日温在25℃左右，魔芋的光合强度、呼吸强度、叶绿素含量、过氧化氢活性均达最高值；日温低于20℃或高于30℃，光合强度与呼吸强度、叶绿素含量均显著下降；日温达35℃时，7天后叶柄开始皱缩，叶片向上翻卷；日温达40℃时，4天后叶片皱缩黄化；日温达45℃，经2天即倒苗；日温低于15℃或高于35℃均为不适宜温度，15～20℃或30～35℃为适宜温度，20～30℃为最适宜魔芋生长的温度。

需要注意的是，土壤温度（地温）对魔芋根系的生长也有较大影响，特别是在低山，过高的地温常导致魔芋生长不良，甚至大量死亡。一般魔芋根系发育的最适温度为23～27℃，在海拔较低的平原、平坝、丘陵，因高气温和强烈的阳光直射，其土表温度可达40℃，严重阻碍了魔芋叶片的光合作用与根系的生长与吸收功能。

此外，魔芋对积温反应也相当灵敏，当满足其积温后，植株即倒伏，但不同种质的魔芋所需积温不完全相同，白魔芋主要分布于金沙江河谷流域，从发芽至倒苗的活动积温（10℃以上的日温总和）为4863℃，有效积温（开始生长后15℃以上的日温总和）为1658℃，而花魔芋生长季节所需的活动积温为4280℃，有效积温为1089℃。

全国魔芋种植区域划分见表1-1。

表1-1　全国魔芋种植区域划分

条件	适宜种植魔芋区	最适种植魔芋区	不适区	不能种植区
年均温/℃	14～20	11～14	9.5～11	<9.5
>10℃积温/℃	>4000	2900～4000	2600～2900	<2600
7～8月平均温度/℃	17.5～25	12.5～17.5 25～30	<12.5 >30	
7～8月平均温度/℃	20～30	15～20 30～35	<15 >35	
7～8月平均相对湿度/%	80～95	76～80	<76	
无霜期/天	>260	220～260	200～220	<200

续表

条件	适宜种植魔芋区	最适种植魔芋区	不适区	不能种植区
6～9月降水量/mm	150～200	100～150 200～250	<100 >250	
年降水量	1200～1800	800～1200 >1800	500～800	<500

注：参考刘佩瑛等编著的《魔芋学》。

2. 光照

魔芋为半阴生植物，其光饱点较低，为（2～2.3）×10^4 lx，仅及喜光作物（如水稻）的一半。魔芋最忌强烈持久的太阳光直射。光照过强，超过了魔芋的光饱和点，会使光合效率降低。夏季长时间的强光照，还会引起环境温度急剧升高，造成叶部灼伤，进而导致魔芋抵抗力下降，易被病菌侵染，这是低山大田种植魔芋容易发病、难以成功的重要原因之一。光照太弱，魔芋虽发病轻，但光合作用也弱，积累的干物质相应就少，魔芋也难以获得高产。

刘佩瑛等（1983）用纱布作魔芋遮阴试验，结果表明适当遮阴能明显增加产量（表1-2）。这种处理主要是荫蔽能降低叶温使叶片的功能正常化；另外，还可降低土温，促进根系发育。一般认为，魔芋最适宜的生长地方是：正午日照较强、日落早或日出迟、日照时间较短的地方。在温度较高，日照时间较长而强的地区，荫蔽度以

60%～90%为好；而在日照较短、温度不高的区域，以40%的荫蔽度较好；在海拔较高的山区，温度较低，日照不强，可以不用遮阴，魔芋生长良好，病害较少，但产量也较低。

表1-2　荫蔽度对土表温度和魔芋产量的影响

检测项目	不遮阴	一层纱布遮阴	二层纱布遮阴	三层纱布遮阴
绝对照度/lx	46000	14674	4002	2254
相对照度/%	100	31.9	8.7	4.9
土表温度/℃	45	34	35	36
叶绿素含量/(mg/g)	1.30	1.62	2.40	2.02
产量增值系数/%	−0.64	0.16	0.53	0.14

注：参考刘佩瑛等编著的《魔芋学》。

在日照较强的地区栽培时，可选择与高秆作物、林木和果树等进行间作套种，在立体空间上形成上有遮阴植物，下有喜阴魔芋，这种模式既满足了魔芋需遮阴的要求，又节约了土地，提高了单位土地的利用率和产出率，达到减闲增效的目的。现在已有的模式包括：玉米-魔芋、向日葵-魔芋、蓖麻-魔芋、核桃-魔芋、刺槐-魔芋、柑橘-魔芋、杜仲-魔芋、樟树-魔芋等套种模式，这种模式使魔芋能利用下层散射光，基本满足了魔芋生长的要求，可达到双收益的效果。

3. 水分

魔芋根系分布较浅，根内通气组织不发达，因而既喜湿又怕渍，既不耐旱也不耐淹，需要湿润、通气、保水性良好的土壤环境，实验结果表明，最适宜魔芋生长的土壤含水量为土壤最大持水量的75%。土壤水分含量过高，魔芋根系周围氧气不足，影响根呼吸，容易诱发魔芋病害，严重时甚至会造成整株死亡。土壤水分含量过低，易导致魔芋根系死亡，进而造成叶片枯黄、叶柄干缩。严重的干旱，还会诱发魔芋根腐病加重，造成魔芋提前发黄倒苗，有效生长时间缩短，这在蒸发量大、降雨量小，又缺乏抗旱条件的低山地区比较常见，也是低海拔地区种植魔芋倒苗早、病害重、容易失败的又一重要原因。所以在低海拔种植魔芋区域最好有灌溉的水源，在周边水源缺乏的区域必要时需打一机井，以备在干旱时节进行灌溉。

4. 土壤

魔芋地下部分为球茎且根系爬伸较长，适宜在土层深厚、质地疏松、排水透气良好、有机质丰富的棕壤土中生长。土壤松厚肥沃是保证魔芋根系生长发育和块茎正常膨大的重要条件。容易板结或排水透气不良的土壤，不适宜魔芋生长，用其栽培魔芋，不仅产量低，而且块茎表面不光洁，表皮粗糙，易发病，不利于魔芋干片的加工。在生产实践中，以含腐殖质较多的棕壤土种植魔芋最为适宜，黄棕壤和紫红壤次之，黄壤土最差。

土壤的酸碱度对魔芋产量影响也较大，种植魔芋的土壤适宜pH值为6.5～7.5，但酸碱性较强的土壤不适宜魔芋生长，尤其是酸性较强的土壤种植魔芋时病害较易发生。花魔芋的最适pH值为6.5 ~ 7.0，白魔芋的最适pH值为7.0 ~ 7.50。

5. 养分

在魔芋萌芽期间，只需有充足的水分而无需外界任何养分即可出苗（利用种芋球茎中的养分）。在魔芋叶片展平后，尤其是魔芋换头结束后要靠根系从土壤中吸收大量养分来满足自身生长的需要，这时需要吸收外界大量的养分。

在魔芋的整个发育期间，魔芋对钾肥的需求量最大，氮肥次之，磷肥最少，需肥规律一般为氮：磷：钾 = 6：1：8。但魔芋在不同发育阶段对氮、磷、钾的需求略有差异，在魔芋生长前期需肥量不大，当魔芋换头后需肥量增加，块茎膨大时达到需肥的高峰期。每亩需要施用纯氮7kg，P_2O_5 3kg，K_2O 10kg能获得较高产量。注意：在魔芋生长期间，当天气不下雨时，不能施用尿素、碳铵等氮肥，最好也不施其他肥料，施肥最适宜在下基肥时施下去。确实需要追肥，一定要在下小雨期间，用水溶解氮肥后灌根，否则，由于魔芋根系较浅，肥料颗粒会使局部氨的浓度升高，当与肉质脆弱根系接触时，会导致根系中的部分细胞受到伤害，进而会影响整个植株，使其容易感染土壤中病菌而死亡。

魔芋根系分布较浅，吸收能力较弱，但魔芋若需高产，需要有机质含量高、保肥能力强、肥沃、疏松、透气、酸碱度适宜（pH值6.5 ~ 7.5）的土壤环境。现在种植魔芋的土壤有机质含量普遍不高，山区大多土壤的结构黏重板结，或过砂过粗，其胶体活性与生物活性差，肥力低，氮、磷、钾营养元素缺乏和养分比例失调，尤其严重缺钾。同时由于雨水的淋失作用，土壤养分流失较多，在魔芋的种植过程中，需补施大量的氮磷钾肥和微量元素，才能满足魔芋的生长发育。平原土壤大部分为沙壤土，土壤肥沃程度较佳，但由于阳光直射，魔芋也易发生病害（主要为根腐病和软腐病），除非遮阴良好，否则规模化种植很难获得高产。因此在魔芋的基肥施用上要注意氮、磷、钾的比例合理。综合说来，种植魔芋的土壤需要有机质含量丰富、疏松透气，才适合魔芋生长。实际生产中，要多施腐熟的有机肥，假如有机肥不腐熟，其中病菌含量过高，会导致发病严重。曾有种植户直接用未堆置的猪粪、牛粪、鸡粪在种植魔芋时直接覆盖在魔芋周围，最后导致严重发病而没有收成。

6. 茬口

魔芋最忌重茬，同一块耕地连续种植2～3年魔芋后，病害往往会明显加重，产量急剧下降，因此种植魔芋必须轮作换茬，并且最好实施水旱轮作。种植魔芋的前茬，以新垦荒地或水田为最佳，其次是种植玉米、小麦等禾本科作物的地块。在种植过马铃薯、烟叶等茄科作物（包括辣椒、番茄等茄科蔬菜）的地块种植魔芋，白绢病发生较重；在种植过白菜、胡萝卜等的地块种植魔芋，软腐病发生严重（软腐病菌能侵染这些植物），所以这些植物既不可作为魔芋前茬，也不宜与魔芋间作套种。

生产实践表明，种植过天麻的地块，魔芋发病率非常低。可能与天麻的共生蜜环菌在土壤中具有较高的基数有关，蜜环菌抑制了魔芋相关病菌的生长与繁殖，压低了病菌的基数，使病害率降低。关于这一魔芋种植模式和理论根据还需要进一步验证和研究。

第二节

适宜魔芋生长的田块选择原则

种植魔芋要获得高产、高效，最好能选择适宜的环境。如果环境达不到适宜魔芋生长的要求，就要设法为魔芋生长创造适宜的环境。

根据魔芋生长对环境要求，种植魔芋可采取以下原则。

1. 种植区域重点放在海拔较高地区

调查显示，低海拔地区虽然魔芋能够生长，但因环境不太适宜，魔芋只是零星地分布于农家房前屋后或林地边缘，大田种植往往事倍功半，难以获得高产、高效。规模化种植发展魔芋，区域重点应放在环境适宜的二高山、高山地区。在鄂西北山区，种植魔芋适宜的海拔范围为 $800 \sim 1500m$，其中又以 $900 \sim 1200m$ 区域最佳，该区域降雨充沛、植被茂密，冬无严寒，夏无酷暑，温度适宜，湿度较高，土壤疏松、土质肥沃，夏季云雾缭绕，散射光较多，生态环境非常适合发展对种植环境要求较为苛刻的魔芋。

2. 高山以不遮阴种植为主，必要时可适当实施地膜覆盖

在海拔1200m以上的高山地区植被好，夏季雨水充足、云雾多，强光对魔芋的威胁不大，魔芋高产的主要限制因素是年有效积温不足、生长时间较短。因此，在高山种植魔芋欲提高产量，一是要不遮阴种植，减少遮光造成的不必要的减产。如果与玉米套种，应降低玉米种植密度，可每隔2m远种植一行玉米，亩种植玉米800～1000株即可。二要实施地膜覆盖，以增加土温，延长魔芋生长时间。另外，覆盖地膜还可起到抑制杂草、平衡墒情、疏松土壤、加速肥料分解、减少肥料流失等综合作用，增产效果非常显著。

3. 低山或平原必须套种，抓好遮阳降温

低山或平原种植魔芋，除选择适宜地块，坚持轮作换茬外，还必须对种植环境予以改善。其具体措施：一是套种，可以与杜仲、刺槐、柑橘、樟树、意杨林、松树、核桃、板栗等经济林木套种，也可以与高秆农作物套种，使魔芋夏季能够照射到"花花太阳"，避免太阳光直射，降低光照强度与环境温度；二是地表覆盖，最好将魔芋与红薯套种，利用红薯茎蔓覆盖种植魔芋的地表，或者直接在种植魔芋的地表盖草，这样夏季可降低土温，同时还可保持土壤墒情；三是抗旱防渍，魔芋生长期间遇持续干旱要浇水抗旱，保持土壤湿润，但不可大水漫灌，同时雨季要清理、疏通"三沟"，防治田间渍水。

4. 选择适宜地块，坚持轮作换茬

要按照魔芋生长对土壤的要求，在环境适宜地区选择有机质含量高、疏松、肥沃、酸碱度为微酸性至微碱性的沙壤地、棕壤地作为种植魔芋的地块。种植前要施足农家肥，亩施腐熟圈肥或土杂肥、火烧土4000kg以上，然后深翻炕垡，疏松、培肥、熟化土壤，种植时根据地形与地下水位高低，起好厢沟、中沟、围沟，防止田间渍水，为魔芋高产奠定良好基础。此外，还要对整个区域或地块做好长远规划，预备种植魔芋的地块，不能种植马铃薯、烟叶或其他茄科作物，同时注意轮作换茬，尽量避免重茬。

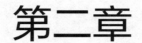

第二章

魔芋种植遇到的技术难点与相应的解决策略

第一节

种芋运输与贮藏的问题

魔芋是一种高产经济作物，目前已成为山区农民增收致富的朝阳产业。魔芋种植需种量较大，其种芋费用在生产成本中所占比例较高，为保证次年魔芋生产要进行大量的种芋贮藏，而且种芋贮藏的管理质量直接影响到第2年魔芋的产量和质量，所以掌握好魔芋种芋的贮藏技术非常重要。2008年和2010年的长期低温冰雪灾害给全国魔芋种芋带来了巨大的损失，各产区种芋受冻害的损失在30%～80%。正常年份，农户自行保存种芋也损失较大。如何合理有效的保存种芋成为一个迫切且意义重大的问题。现将收集了各单位创立的运输与贮藏技术进行逐一介绍，以供参考。

一、种芋采收与预处理

魔芋种芋贮藏的效果，除与种芋自身质量好坏有关外，还与贮藏期间的温度、湿度和通气状态等环境条件有着密切的关系，而且正确的田间管理，适时采收及做好贮藏前的预处理工作是种芋安全贮藏的前提条件。

1. 适时挖收

挖收种芋的最佳时期宜选在寒露、霜降前后，霜雪来临之前。如果挖收过早，由于环境湿度大，营养物质积累不充分，块茎含水量较多，容易发生腐烂，不利于贮藏；如果挖收过迟，遇霜雪或气温过低时会造成冻害，也不利于种芋的贮藏。通常情况下，种芋在地上叶柄部分倒伏10天以后，待叶柄基部与球茎的离层老化，球茎充分成熟，且含水量下降时才能挖收，以增强耐贮性。种芋受伤是造成贮藏期发生腐烂及栽培后发病的主要原因，因此在挖收时应特别注意。

2. 选晴天和土壤干燥时挖收

雨天或地面潮湿时挖收的种芋由于含水量大，伤口不易愈合，且伤口渗出的黏液是细菌良好生长的基质和传染媒介，容易受细菌的侵染，不利于贮藏，所以应选晴天或土壤干燥时挖收，并且边挖边晒，晾干表面的水分以利于种芋贮藏。

3. 搞好贮藏前的预处理

贮藏前的预处理是种芋贮藏成败的关键。为了便于贮藏及降低贮藏期间病害发生程度，种芋挖收后需进行预干燥与愈伤处理。预干燥的目的是除去种芋表面水分使表皮栓化和伤口愈合。预干燥的方法是晴天挖收的种芋在田间晒1～2天，除净泥土，运回摊放在能通风遮雨的地方自然风干，待种芋重量减少20%，种芋表皮木栓化，伤口愈合，内部脆性降低，才能进行种芋的贮藏。

二、种芋贮藏条件与原则

挖收后的种芋，放在通风遮雨处适当的风干。一般感官失水标准为种芋的表皮木栓化，球茎变得较硬且较有弹性。在保证种芋不过度失水干死的情况下，失水越多越有利于病害的控制。

由于魔芋种芋的生长期和贮藏期各约半年，必须十分重视且掌握魔芋贮藏原理及技术，尽力减少种芋在贮藏中的损失。贮藏期间，种芋的损失主要来自腐烂和干瘪，腐烂主要由种芋受伤、感病引起；干瘪则由于温度、湿度管理不当所致。

魔芋球茎贮藏的适宜空气相对湿度为70%～80%，不能高于90%，但长时间低于60%易造成球茎干瘪；贮藏温度保持在5～10℃。

在贮藏初期，由于水分含量较高，环境湿度较大，应注意通风换气，但要避免过分干燥，导致块茎失水过多而使种芋发生皱缩。贮藏时最大限度地降低呼吸作用，以减少养分的消耗；在温度管理上要做到昼夜温差不太明显，在夜温过低时应增加覆盖物保暖，防止冻害。另外，贮藏期间由于种芋的呼吸作用，湿度会升高，而靠近地面温度低，使靠近地面的一边出现水珠而使湿度增大，所以贮藏期间除注意调节空气湿度，经常通风换气外，还应定期翻动，防止地表层因湿度过大而腐烂。并随时检查剔除腐烂变质球茎，并在周围撒石灰或草木灰防止蔓延。

三、种芋贮藏方法

魔芋产地的农民因地制宜创造了许多简便易行的贮藏方法，总的来说分两大类，一是室内贮藏，二是室外贮藏。

1. 室内贮藏

（1）室内地面堆藏　在冬季温度较高，不太寒冷的地区可直接将魔芋堆放在室内干燥的地面上贮藏，堆放前在地面上铺一层干草或谷壳或草木灰（避免种芋与硬地面接触而损伤），再堆一层种芋，加一层谷壳，共堆放3～4层，堆放时顶芽朝上，然后用一层干草或谷壳覆盖。

（2）种芋室内架藏方法　对种植魔芋面积大、种芋量多、不宜进行室外露地越冬的农户，采用室内保温架藏的方法较好。在室内用木料或角铁做成长6～8m、宽1～1.2m、高2～2.5m，5～7层，层间距30～40cm的贮藏架。根据种芋量的多少，每间房纵放两架，3个走道（中间、两边各一个），将晾晒好的种芋摆放于架上，每层摆放大种芋2～3层，小种芋和根状茎10cm厚即可。前期气温高时打开门窗通风；中期气温降低时，关闭门窗保持室温8～10℃，气温低于5℃时架设抽烟煤炉增温防冻，保持室温8～10℃；后期春季气温上升至8～10℃以上时，又逐渐打开门窗进行通风；贮藏期间要经常检查，及时剔除腐烂种芋，以免传染其他健康种芋。

（3）竹筐或塑料筐贮藏　在竹筐或塑料筐底部放少

许干松毛或谷壳，摆一层魔芋放一层干松毛（谷壳），摆魔芋时芽眼朝上，上层魔芋与下层魔芋芽眼互相错开，装好筐后堆放在通风透气的地方贮藏，达到通风交换气体的作用。

（4）棚上烟熏贮藏　这种贮藏方法简单易行，农户反映较好，适合在瓦屋的竹棍或木棍棚上贮藏。方法是在室内棚上覆盖一层稻草，然后放上种芋，种芋厚度15～20cm，由于室内经常生火，室内温度得到保持，达到贮藏的目的。此法适合在寒冷地区贮藏种芋。

2. 室外贮藏

（1）露地越冬保种贮藏　海拔800m以下的地区，待植株自然倒苗以后就地越冬，只需将魔芋种植畦清沟防积水，起垄培土防雨雪，加盖一层干细土增温，厚度依低温程度而定，一般为10～20cm；对海拔900m以上地带再盖上玉米秆或稻草、麦草、树叶等能保温的材料。该方法简单易行，种芋损伤少，保种效果好。于次年开春种植魔芋时，小心挖出种芋。此贮藏方法的前提是，魔芋不发病或发病轻；地面应有一定坡度；以利排水防涝。

（2）土坑或地窖贮藏　在寒冷地区，可选择地下水位低、排水良好、土质结实的地方挖土坑或地窖，同时防止雨雪水渗入烂种，窖以能贮500～1000kg为宜。挖好土坑或地窖后，内部用药剂熏蒸或草加硫黄点火进行消毒，闭窖闷窖2～3天，待窖内气味散尽后即可将种芋入窖。使用旧窖，应将窖壁铲去一层并消毒后再使用。贮藏时先在窖底铺一层干草或草木灰，将种芋顶芽朝上摆放，按一层芋一层草堆放，地窖的贮种量以内部容积的一半为宜。种芋入窖后，应经常调节好窖内的温湿度及空气，种芋入窖初期应打开窖门通风换气，严冬季节关闭窖门，但需留有通风孔以利气体交换。春季气温回升后应选择晴天打开窖门通风透气，以保证呼吸作用正常进行。

四、魔芋异地调种的要求

魔芋凡异地调种者，必须严格掌握种芋标准及营运要求，其核心是防止种芋受伤。

（1）购种单位宜在挖收之前到留种现场考察，考察种芋是否来自无病区及无病田块，种芋是否为地上叶柄倒苗1周后才开始挖收的，叶柄基部是否从球茎上自然脱落而没有伤口，有无感病种芋。

（2）种芋挖收后尽量日晒风干10余天，达失水10%以上，以利伤口愈合，皮部韧性增加，内部脆性减低，便于运输。

（3）根状茎不论长短均为优良种芋。种球茎个重，花魔芋宜100g以内，白魔芋宜50g以内，无腐烂，无病斑，无伤烂，芽窝浅，较圆整者，根状茎为优质芋种，不限重量。

（4）包装运输容器要求能保护种芋不受挤压并能通风。不能用塑料袋及编织袋，最好用硬质竹筐，并加强四角，以增加承压的能力。魔芋与魔芋之间应有松叶或纸等缓冲物，保证种芋的完整无伤。途中不能有0℃的低温或霜冻，一般宜在春暖后启运，此期韧性较好。

第二节

魔芋贮藏技术的革新

　　魔芋的外皮很薄，非常怕冻害和病害，即使按照上述贮藏技术，魔芋种芋也会有较多损失。为了更好地解决这一问题，现将经过多年摸索的、更为有效的贮藏技术进行介绍。

一、贮藏前处理

　　1. 对于长途外调的种芋，在运输时需要格外注意损伤和病菌传染

　　当本地魔芋资源不足时，可考虑从外地调种。长途调运种芋时，宜用透气的木箱、竹筐或纸箱装置。箱内四周和上下各放1层锯末、稻草或谷壳，再1层魔芋1层填充物分层装放。上下层之间错开主芽，上面用锯末装实后加盖。小球茎可直接用纸箱装。不论采用哪种方式运输，都应避免魔芋与坚硬物体直接接触而发生摩擦，损伤块茎，同时在装运时也不要挤压和碰撞，而应做到轻取轻放。

　　现在一般从外地引种均用疏松的编织袋运输魔芋，这种方式最大弊端是造成魔芋碰撞挤压损伤，因为魔芋的皮

层很薄，稍微碰撞就可能造成表皮受损，这给病菌的传染造成了机会，往往会导致较多的烂芋，假如处理不过关，直接种到田间，当年种植的魔芋就会发生严重的病害。

2. 对于准备贮藏的种芋，需要做一些预备处理

（1）分选种芋　清除病芋、伤芋、公芋（已分化出明显花芽的魔芋，比一般魔芋早出土30天左右，只开花，不长叶，不利于商品芋的形成）。选择皮色正常、表面光滑、球茎上端口平、窝眼小、整个球茎芋头状、形状整齐、鳞芽肥壮粗短、无病疤、无虫害、无机械损伤的球茎作种芋。其次，对魔芋的大小进行分级：按鞭芋（<10g）、10~50g、50~100g、100~200g、200~500g的级别进行分类。鞭芋单独种植后可作为下一年的种球茎；10~50g的种芋作为一个类别，为第三年的商品芋种植做准备，50~100g、100~200g、200~500g的种芋可作为第二年的商品芋出售。

对于伤烂种芋，要及时削掉腐烂部分，然后在草木灰中让伤口愈合，再进行下面各种处理。

（2）晾晒　选晴天和土壤干燥时挖收，并且边挖边晒，晾干表面的水分，然后用竹筐垫上干草后装入种芋，运回摊放在能通风遮雨的地方自然风干，待种芋重量减少20%，种芋表皮木栓化，伤口愈合，以利于种芋贮藏。

（3）药剂熏蒸　在魔芋休眠期（当年11月至第二年3月底）均可熏蒸，不要在魔芋出芽或生根期间熏蒸，否则对魔芋生长点具有巨大损伤作用。将健康种芋散装于双层农用薄膜中间（农用薄膜未剪开，类似筒状结构），或用有网眼的编织袋（利于气体扩散即可）装好平放入筒状农用薄膜（长 6 ～ 7m，可平放入魔芋 300 ～ 500kg）中。两端用高锰酸钾和甲醛混合反应的气体进行熏蒸（一个属于氧化剂，一个属于还原剂，两种药剂接触会自动发生反应，释放出刺鼻的甲醛气体，严防注意中毒），迅速扎好两端口。注意：在熏蒸时，要先放甲醛 500ml，再倒入高锰酸钾 250g（两端同时操作），装甲醛的器皿最好用陶瓷或铁器，不能被甲醛与高锰酸钾反应时放出的热量烫坏，同时，在器皿与薄膜之间要垫一层木板（以防反应放出的热量把下面薄膜烫坏，甲醛气体泄漏出来），上面也要覆盖上木块或瓦盖（以防把上面的薄膜烫坏，甲醛气体泄漏出来）。60h 后，可继续在两端再用高锰酸钾与甲醛混合熏蒸一遍，熏蒸两遍可杀灭绝大部分魔芋体内携带的病菌。熏蒸消毒结束后，取出晾干，进行贮藏。

有人会担心甲醛熏蒸后，对第二年的魔芋球茎是否会有残留？针对这一问题，我们特地做了实验：用熏蒸处理种芋进行种植试验，到第二年检测新长出的魔芋球茎，发现不含甲醛，推测可能是在生长过程中，老魔芋球茎消耗过程中，甲醛被代谢掉，当魔芋换头后，残存的甲醛被新长出的魔芋球茎代谢清除。

二、种芋的草木灰贮藏新方法

种芋贮藏的方式多种多样，有的农户直接将魔芋堆放在室内干燥处；有的农户在屋内架设木架，上面直接摊放种芋，可以充分通风和接受散射光的照射，可在一定程度上有效地防止烂种；有烤烟房的农户，可进一步减少魔芋球茎的水分，以利于贮藏，但不能使球茎失水太多，降低其萌发活力。

这些贮藏方法都存在这样或那样的缺陷，因为农民把种芋收回来后顶多晒干缩水，并没有进行杀菌处理，所以一些种芋肯定携带有病菌，在贮藏期间特别是有一定温度，且不透气和透水的条件下，种芋的腐烂不能完全避免，并且会以较快速度传染，造成较大损失。有时候地方政府主导的魔芋种植，往往从外面大量调种，回来后往往不能及时处理而导致大量烂种，损失较大。

我们推荐一种新型贮藏方法——草木灰贮藏法。

现在一些砖瓦厂、热电厂、造纸厂等一些耗能企业或工厂，在煤的价格较高时，一般利用谷壳代替煤来供热。对于这些企业来说，这些废物的堆放既占地方，又没有什么现实的利用价值。草木灰的主要成分是碳酸钾 (K_2CO_3)，可作为钾肥进行利用，同时具有较强的碱性，能杀灭病菌，提高魔芋伤口的愈合能力。所以利用草木灰来贮藏魔芋种芋具有无比的优越性，可以对有伤口未完全愈合的受损魔芋进行修复，可阻止腐烂的魔芋向周围传播。另外，草木灰可反复利用，当种芋取走后，利用大晴天，把草木灰晒干杀菌，喷上"均三嗪"（碱性杀菌剂），可在年底贮藏种芋时继续使用，一般可连续用2～3年，然后晒干杀菌就可施到田间增加钾肥，疏松土壤，改良土壤结构。

贮藏魔芋的草木灰晒干后，可选室内透气的贮藏间，下面垫一层草木灰，上面散放1层种芋，覆上草木灰，在上面再放第2层种芋，依次摆放4～5层，最后再覆上一层厚的草木灰，再在上面铺上一层稻草保温（又可透气）即可，也可用麻袋覆盖，要求室内透气，贮藏期间要经常检查种芋健康情况。

这种贮藏方法，可结合室内、窖藏、架藏等实际情况加以灵活应用，以最大限度保护种芋的健康。由于草木灰的碱性作用，在一定程度上可打破种芋的休眠，促进魔芋早出芽。

三、河沙生石灰硫黄法贮藏种芋

当本地没有草木灰时，可以考虑用河沙、锯末或谷壳替代，下面以"河沙生石灰硫黄法"为例来阐释其中的操作要点。

在夏天的时候，把河沙在水泥地上杀菌晒干，找一干净空间堆放，用薄膜盖好，以防渗水吸潮。在魔芋收获前，对贮藏介质进行准备。

一般来说，100kg晒干的河沙混入细粉状的生石灰20kg、硫黄20 kg，混匀再喷上"均三嗪"杀菌剂，即可作为保藏魔芋的介质。注意混匀后不要被雨水浸湿，否则生石灰会与水反应生成熟石灰，杀菌效果会大大下降。假如当地既没有生石灰，硫黄也不好买，就可以用石硫合剂代替，按照正常使用浓度均匀混入河沙中（一般一包45％晶体石硫合剂是400g，先用1.5kg开水融化，再加入1.5kg开水稀释，使波美度大致在3左右即可；有的是"有效成分29％"的1kg装液体石硫合剂，用时加入2kg开水稀释即可；注意一定不要用自来水或沟河水，因为可能会有杂菌或微生物，杜绝一切来源的病菌入侵），大概100kg晒干的河沙需要2袋45％晶体石硫合剂或2瓶"有效成分29％"的1kg装液体石硫合剂。当然，也可以用80％波尔多液可湿性粉剂加水喷湿河沙代替。

含药的河沙一定要晒干，然后再用来贮藏魔芋种芋。在室内先铺一层混入杀菌剂的河沙，再在上面摆放1层种芋，用河沙覆盖后，可继续放第2层魔芋，可重复上述魔芋摆放，但摆放次数不要超过5层，否则会造成下层魔芋呼吸不畅。最后一层河沙覆盖后，四周盖上一层覆盖物防冻（用干稻草或麻袋覆盖即可），贮藏室要求透气。

以上介绍的贮藏方式大大优于目前农户的操作方式。

第三节

魔芋种芋消毒技术

种芋消毒是魔芋种植中的关键环节，消毒是否彻底决定着当年种植魔芋发病率的高低，种植魔芋首先要做到杜绝带病种芋下田。

2002～2009年，笔者陆续采用了以下药剂浸种：①1000万U农用链霉素可湿性粉剂兑水10kg浸种120min，取出晾晒干燥；②95%敌克松可溶性粉剂200倍液浸种180min，取出晾晒干燥；③86.2%铜大师水分散颗粒剂300倍液浸种180min，取出晾晒干燥；④45%晶体石硫合剂50倍液浸种180min，取出晾晒干燥；⑤20%龙克菌100倍液浸种180min，取出晾晒干燥；⑥20%猛克菌100倍液浸种180min，取出晾晒干燥；⑦2%菌克毒克水剂100倍液浸种180min，取出晾晒干燥；⑧50%多菌灵胶悬剂100倍液或用50%甲基托布津100倍液浸种180min，取出晾晒干燥；⑨用40%福尔马林150倍液浸种60min，取出晾晒干燥；⑩0.1%高锰酸钾溶液浸种120min，取出晾晒干燥。还包括其他杀菌剂，最终田间结果表明，消毒的种芋与未消毒的种芋在魔芋生长期的发病率相比，只是略低，有的差异不明显。总体说明，种芋的消毒并未达到人们的预期效果。

对于这种结果，我们分析可能的原因如下。

（1）药剂消毒仅杀死了魔芋表层携带的病菌，对表皮以下隐藏的病菌无能为力，笔者曾经把石硫合剂消毒的种芋与未消毒的种芋进行皮下及内部组织分析，发现它们的含菌量并没有显著差异，说明魔芋皮下及内部的菌并没有受到任何影响。当田间魔芋抗性减弱，或气候条件不适宜时，这些内部携带的病菌可能就会兴风作浪。

（2）魔芋的表皮很薄，在操作时很容易把魔芋表皮弄破,而裹在魔芋表面的一层药膜在土壤中很快失去效力,当在土壤中遭遇到病原菌感染或内部隐藏的病菌为害,魔芋就可能发病。

(3)魔芋抗病种植是一项系统工程,包括每一个环节都必须做到位。即使种芋消毒过关,当种到地里后,土壤中本身就存在侵染魔芋的病菌,当根部线虫、蛴螬等害虫在生长时期对魔芋球茎造成伤口后,土壤中的病菌就会从伤口感染导致魔芋染病。

在以药剂消毒均告失败的基础上,笔者需要重新寻找更为有效的消毒模式,杜绝带菌下田。以下是笔者发现熏蒸消毒模式的过程。

笔者在做魔芋的组织培养时,发现从野外采集回来的种球,即使表面消毒杀菌做得再好,当切块后移植到培养基上,98%以上的魔芋组织会被魔芋组织本身携带的内生菌污染。后来,笔者采用高锰酸钾与甲醛(1∶2)联合在干燥皿中对魔芋球茎熏蒸1~2次后,再进行表面消毒、接种,发现所切块的球茎组织98%以上可以成功长出愈伤组织而不被污染。由此得到启发,笔者对大田种植的魔芋种芋也采取类似的操作策略,发现这种方式消毒的种芋种植到田间后,发病率大大降低。操作步骤见种芋贮藏章节中的药剂熏蒸方法。

当然,这种消毒方式虽然把魔芋球茎内的微生物绝大部分杀灭,但土壤中依然会有病菌存在,这也会导致魔芋在生长期间发病。为了降低发病率,有的研究者想到用药袋或药膜包裹球茎，起到进一步保护效果。当种芋在田间萌动出芽生长时，药袋或药膜在土壤中对魔芋根际周围生长环境中的有害微生物有较强的抑制效果，从而起到保护效果。

药膜包裹：用爆石灰膏30%（按生石灰的质量比计算）、红黏土30%、草木灰将近40%、硫黄0.5%、三氯均三嗪0.1%、多菌灵0.1%制成细粉，调制成浆状而成。将上述方式得到的浆状药剂置于容器中，把选好的种芋置于容器中，使种芋浸没在包衣剂中，1～5min后取出，一定要阴干或晒干使包衣层牢固地附着在种芋表面，既能有效杀虫灭菌，又能部分改善魔芋生长的土壤环境。

但要注意的是，仅靠药膜包衣对已有的隐藏伤口中的病菌、种芋携带的病菌不能杀灭。需要把伤口组织切除，然后晒干、熏蒸、再晒干并进行包衣，这样就能把种芋携带的微生物绝大部分去除，可确保出苗整齐、成苗率高。

假如魔芋萌芽较长后就不适宜再过多操作，易造成种芋断芽和外损，播种后土壤中的致病菌从创口侵入从而导致病害加重；另外，在操作过程中，要轻拿轻放，以免擦伤表皮，给土壤中病菌侵入创造条件。

第四节

田间土壤带菌率的问题与处理办法

适宜魔芋种植的生态环境是山峦互相遮挡或树木遮

阴、或湿度较高的稍倾斜的避风地带，且夏季暴雨不致土壤严重冲刷；同时要求土壤的有机质丰富、土层肥厚疏松、不渍水、酸碱值中性。这一原则就是模拟魔芋生长的自然环境，减少魔芋发病率，但现在魔芋栽培环境很难达到上述标准，导致病害非常严重，一般田间损失达到30%，严重地块病害损失率可到80%直至绝收。由于在现实栽培环境中难以达到魔芋要求的自然生态环境，所以就要在避免病菌浸染方面下工夫。首先种芋要健康，其次土壤尽量减少病菌、遮阴环境尽量创造利于魔芋生长的生态小气候环境。在生产实践中，人们开始重视种芋的消毒、冬天的贮藏、不施用未腐熟的人粪尿、畜禽粪便等措施来减少病害的发生，但对土壤带菌问题还没有从思想上高度重视，生产中也没有一套可行的标准予以参照，但这是一个不能忽视的关键环节之一。

湖北省农科院的吴金平等研究人员曾对魔芋软腐病的侵染途径做过深入研究，发现只要魔芋根系在生长过程中遇到软腐病菌，即使没有明显伤口，也容易被感染导致整个植株死亡。笔者课题组在探索了几年之后，认为土壤处理也是切断病原的一个重要途径。对于魔芋连作田块来说，土壤中积累了较多的软腐病菌、根腐病菌、白绢病菌，还有线虫、蛴螬、食魔芋叶片的蚕蛾老熟幼虫及蛹等。这样的田块，再继续种植魔芋，病害（软腐病、根腐病、白绢病）和虫害（包括地上食叶害虫、地下为害魔芋球茎和根系的害虫）的发生率就会相当高，必须利用各种措施对之进行处理才能减少田间损失。因为现在的芋农还没有这一意识,需要及时给予指导。而日本的魔芋种植,其土壤都要用溴甲烷熏蒸后再用机械化种植,大大减轻了软腐病的发病率。

目前解决土传病害为害的最常见方法是利用溴甲烷进行土壤消毒,但溴甲烷是一种消耗臭氧层的物质,根据《蒙特利尔议定书》哥本哈根修正案,发达国家于2005年淘汰,发展中国家也将于2015年淘汰,所以溴甲烷的使用在本章节不予评述。

现将几种适用于魔芋田的土壤处理技术总结如下。

1. 生石灰或氰氨化钙法

高山酸性红壤土,可采用生石灰或氰氨化钙法。

氰氨化钙的分子结构如下。

$$N \equiv\!\!\!= N$$
$$\mathrm{Ca}$$

该制剂呈灰黑色,有特殊臭味,不溶于水,能溶于盐酸,有吸湿性,遇水分解为氨气,不宜久存。

魔芋一般播种期在4月上中旬,在此期间,南方雨水盛行。在播种前,选择晴天,每亩地撒施生石灰500kg或者氰氨化钙150kg后,旋耕土壤,利用土壤中的水分,充分使生石灰与土壤中水分反应,可杀死大部分土壤中残留的病菌,并能改良土壤。此法简单易行,成本低廉,芋农易于接受。

此种消毒方式每亩地成本为200 ~ 300元(不计算人

工费用）！

2.85%三氯异氰尿酸土壤消毒处理方法

也称为三氯均三嗪消毒法。

三氯异氰尿酸的分子结构式如下。

该纯品为粉末状白色结晶，有效氯理论含量91.54%，工业品有效氯含量不低于85%，活性氯含量比漂白粉高2～3倍，三氯异氰尿酸是漂白粉、漂白精的更新换代产品，三废比漂白精大大降低，具有较好的杀菌效果。

在魔芋连作地，种植前10天，用85%三氯异氰尿酸（国内主要用于游泳馆、养蚕业、水产养殖业的消毒杀菌；国外主要用做游泳池消毒片、饮片水、医院和其他公共设施的卫生消毒）1kg/亩，拌入10kg细干土中，然后均匀撒于地表，随即旋耕或人工翻地，保持土壤饱和含水量，即可达到消毒杀菌的效果。此法成本低廉，效果较好，不需要覆膜密封，有效地将潜藏病原菌杀灭，值得芋农们经常采用。

2010～2011年在湖北省局部地区使用该药剂，对根腐病、白绢病、天蛾具有较好的根除效果；对于软腐病，当种芋熏蒸处理到位，利用85%三氯异氰尿酸对土壤处理的地块病害很少发生。

此种消毒方式每亩地成本不超过100元钱（不计算人工费用）！

3. 威百亩消毒土壤处理方法

威百亩的分子结构式如下。

$$CH_3-NH-\overset{\displaystyle S}{\overset{\|}{C}}-S-Na$$

原药外观为白色具刺激气味的结晶样粉末状物，制剂外观为浅黄绿色、稳定、均相液体。市面上有35%和42%水剂两种剂型。

威百亩为具有熏蒸作用的二硫代氨基甲酸酯类杀线虫剂，其在土壤中降解成"异氰酸甲酯"发挥熏蒸作用，通过抑制生物细胞分裂和DNA、RNA和蛋白质的合成以及造成生物呼吸受阻，从而杀灭土壤中病菌、根结线虫、杂草等有害生物。威百亩的毒性显著低于溴甲烷，并且对环境和农产品无残留影响，在土壤中降解彻底，活体作物不吸收，作物产品无残留，其对鱼有毒，对蜜蜂无毒。

在魔芋连作地，种植前1个月，旋耕起垄，然后在垄上开沟20～30cm深，将威百亩兑水稀释80倍后均匀施于沟内，盖土压实后（不要太实），然后立即覆盖塑料薄膜并封闭严密，防止漏气（土壤干燥可多加水稀释药液），施药后保持土壤湿度在65%～75%，土壤温度10℃以上，药液在土壤中需密闭15天以上。15天后去掉地膜，翻耕透气，使剩余药气充分散出，5天后再翻松一次，即可播种或移栽。大风天或预计1h内降雨，请勿施药。

注意：

① 该药在稀释溶液中易分解，使用时要现用现配。该药剂能与金属盐起反应，配制药液时避免使用金属器具。

② 覆盖的薄膜应密闭不透气，最好用新买的薄膜。

③ 为保证施药人员安全，施药及覆盖要及时，免得刺激眼睛、黏膜及呼吸系统对人产生毒害作用。

④ 本品不可直接施用于作物表面，土壤处理每季最多施药1次。最好在地温10℃以上时使用，效果良好，地温低时熏蒸时间需延长。

每亩需用42%威百亩水剂大约10kg，成本200～300元！

4. 五氯硝基苯混合药剂进行土壤消毒

五氯硝基苯的分子结构式如下。

五氯硝基苯是有机氯杀菌剂，能有效防治土传病害，代森锌或敌克松等可有效防治真菌、细菌等多种病害。以五氯硝基苯为主，加入制成混合药剂，混合比例为五氯硝基苯3份、其他药剂1份，每平方米使用3～5g，混合药剂每平方米用5g，与200倍细沙土混合均匀制成药土。魔芋备地（里面应该无留种魔芋）在种植前，按标准施基肥、翻耕、整细、耙平，然后做垄，再开沟消毒。把药土均匀撒于播种垄的沟底床面上，然后在沟边摆上魔芋球茎，覆盖，在上面最好再撒上一层药土。五氯硝基苯对人畜无害，使用安全。

这种消毒方式大约每亩地需要150元成本（不计算人工费用）！

5. 甲醛消毒土壤法

魔芋备地（里面应该无留种魔芋）在种植前1个月，按标准施基肥、翻耕、整细、耙平，可以先做垄后消毒。保持土壤适当的干湿度，以手握成团，松开落地即散为准。按每平方米使用甲醛200ml的量（工业甲醛每升价格大约在4元），加水2～6L浇灌土壤，用薄膜严密覆盖，勿使通风，播前一周再揭开，使药液挥发。播种前，土壤要翻松晾晒3～4天，待药剂挥发后再使用。

这种消毒方式大约每亩地需要500元成本（不计算人工费用）！

6. 氯化苦消毒土壤法

氯化苦的分子结构式如下。

氯化苦，即三氯硝基甲烷。制剂为无色或微黄色油状液体，有催泪性，不溶于水，溶于乙醇、苯等多数有机溶剂，蒸气强烈刺激眼和肺，具有全身毒作用，皮肤接触可致灼伤。

魔芋备地（里面应该无留种魔芋）在种植前1个月，按标准施基肥、翻耕、整细、耙平，可以先做垄后消毒。保持土壤适当的干湿度，以手握成团，松开落地即散为准，过湿或过干均影响氯化苦在土壤中扩散，降低消毒效果。

利用氯化苦专用注入器将氯化苦注入孔内，注入药剂深度15～20cm。每平方米注氯化苦100ml，用氯化苦专用注入器注入土壤，每亩用量30～40L，边注射药剂边用土覆盖眼穴。一般情况下要求边注射，边覆盖，当整块地施药结束后，农膜四周用土压严密，不泄漏。消毒覆盖时间为7～15天，延长覆盖时间效果更好。揭膜采用二次法，即第一次在傍晚揭开农膜四角，通气；第二天上午揭除全部农膜，人远离消毒地块，隔天后对畦面进行松土透气。

注意事项：

① 氯化苦对人畜有毒、有刺激性和腐蚀性，使用、贮藏和揭膜时必须注意人身安全，当日未用完的药剂，收工后药剂必须妥善保管，切勿与人畜同室。

② 土壤注入氯化苦后必须用农膜迅速覆盖密闭，否则影响消毒效果。

③ 揭膜后对畦面进行松土，并间隔7天后方可种植，以防氯化苦残留土中，影响魔芋的萌发势。

此种消毒方式每亩地成本要花1000多元（不计算人工费用）！

7. 棉隆消毒土壤技术

棉隆的分子结构式如下。

$$\text{H}_3\text{C} \quad \text{CH}_3$$

商品名为必速灭（Basamid），化学名称：四氢化-3,5-二甲基-2H-1,3,5-噻二嗪-2-硫酮。棉隆是一种高效、低毒、无残留的环保型广谱性综合土壤熏蒸消毒剂。施用于潮湿的土壤中时，在土壤中分解成有毒的异硫氰酸甲酯、甲醛和硫化氢等，迅速扩散至土壤颗粒之间，有效地杀灭土壤中各种线虫、病原菌、地下害虫及萌发的杂草种子，从而达到清洁土壤的效果。

先进行旋耕整地，浇水保持土壤湿度，每亩用98%微粒剂20～30kg，进行沟施或撒施，旋耕机旋耕均匀，盖膜密封20天以上，揭开薄膜敞气15天后播种。

这种消毒方式的杀菌效果好，对土壤中杂草种子、线虫、昆虫的蛹、细菌、真菌均具有良好的杀灭效果。但要严格注意：敞气时间假如不够，或者用量过重、操作不当，会对本茬作物及下茬作物都有严重的抑制作用，一定要注意安全，规范使用。

这一消毒方式，目前成本还是偏高，每亩地花费约1500元。对于一般地块种植普通作物来说，花费不起。

目前这一消毒模式仅在大棚高档水果、蔬菜上使用（如草莓、樱桃、番茄等），并有专人帮忙指导操作才能实施，不要自己根据经验操作，一旦出问题，会对生产造成严重后果。

8. 电处理土壤消毒技术

当大棚温室、露地土壤中有较多的病虫害或种植的作物根系分泌有害物质、或土壤物理性缺素症等现象造成连作障碍时，可考虑利用电消毒技术对土壤进行处理。其原理是埋设于土壤中的电极线在通直流电后，可在土壤中产生剧烈的理化反应，其中会有大量的氯气、臭氧、酚类气体产生，这些气体在土壤团聚体间隙中的扩散就是灭菌消毒的过程，另一方面，土壤团聚体以及土壤胶体结构和特性的剧烈改变、土壤氧化还原特性以及水环境的剧烈变化改变了土壤微生物的生活环境，进而导致微生物种群活性的巨大改变，最终消解重茬病症。

此种消毒方式还需要进一步完善，目前成本也较高，应用也较为麻烦，待以后机械设计更为完善后可推荐使用！

9. 微波土壤消毒技术

微波土壤消毒即利用微波照射土壤进行消毒，由于微波土壤消毒兼有热效应和生物效应杀菌效果，因而杀灭效率和效果都远优于其他物理消毒方法。而且，因其具有操作简便、无任何毒性、无污染和无残留等特点，使得国内外科学家们一直在不懈地研究和改进，但该技术仍然处于实验和研究阶段，尚未有该领域原理和技术上的突破，也未见可商业化的产品。曾有报道，德国车荷恩赫农业机械公司研制生产了一种微波灭虫犁，这种犁的犁尖壳内有台6000W的微波发射机，该犁用拖拉机或农用汽车带动，在耕作翻土时，微波通过犁尖发射到土壤中，可消灭50cm深土中的害虫或病菌。

此种消毒方式还在研制中，需要进一步完善，一旦突破，将会给魔芋、瓜果、蔬菜等作物的种植带来革命性突破！

在以上消毒方式中，药剂消毒（土壤消毒剂）一定要正确使用，具体遵循如下原则。

一是精细整地。在使用前，先进行深翻（约30cm），再用旋耕机进行打地，使土壤颗粒细小而均匀。这样在一定程度上能充分发挥土壤消毒剂的效果。

二是消毒前要保持土壤湿度，可保持在60%～70%。如遇到连续晴朗天气，湿度达不到60%～70%就需要提前浇地。浇地后3～4天（湿度以手捏成团，1m高处掉地能散开为标准），各种病原菌以及线虫对药剂处于敏感状态，杂草种子准备萌芽，更容易被土壤消毒剂气体杀死。

三是正确使用塑料薄膜。覆盖的塑料薄膜不能太薄，最好用无透膜（不透气）或0.04mm以上的塑料膜进行覆盖。旋耕机混土后立即用不透气的塑料薄膜密封并要压好四边，注意薄膜不能有破损，最好使用新膜，以防止漏气降低消毒效果。从旋耕到覆膜最好在2～3h内完成。

四是要注意安全，因为大部分消毒药剂都有毒，操作一定要遵循使用要求！

第五节

魔芋田间草害与新的化学防除技术

魔芋生长期田间草害严重，与魔芋争水争肥，抑制了魔芋生长。因为魔芋规模化种植的历史较短，鲜有文献报道魔芋田中除草问题。对广大芋农来说，这是魔芋生产上的一大障碍：因为魔芋属于浅根系，锄头很容易弄伤根系，导致土壤中软腐菌侵入，生产实践上主要是采取手工除草模式，根系受伤减轻但不能做到完全无影响。

当笔者课题组在平原地区树林中尝试种植魔芋时，首先需要把树行中杂草除去，笔者先用41%草甘膦水剂，1个星期后，杂草基本死完了，但树行中半夏与麦冬依然青枝绿叶，笔者继续加大剂量，用41%草甘膦水剂200ml兑水15kg，依然没有把半夏和麦冬杀死。

因为魔芋和半夏都属于天南星科植物，这给了笔者启发，能否利用草甘膦来防除魔芋田杂草呢？于是，笔者设计了实验方案，比较不同除草剂对魔芋的安全性，从而筛选在魔芋生长期间能用作魔芋田间除草的除草剂，使之对魔芋安全又能除掉杂草。

本实验选取作用机理不同的4种除草剂，于2009年6

月25日魔芋完全散叶后进行了魔芋田间除草，以测定其对魔芋的安全性。试验设每公顷用41%草甘膦异丙胺盐（AS）（江苏丰山集团有限公司产品）2000 ml（施用浓度为100 ml兑水15 kg）、56% 2-甲-4-氯钠盐（DP）（抚顺丰谷农药有限公司产品）1000g（施用浓度为70g兑水15 kg）、75%烟嘧磺隆（WP）（宣化农药有限责任公司产品）80g（施用浓度为5.5g兑水15kg）、5%精喹禾灵（EC）（浙江乐吉化工股份有限公司产品）600ml（施用浓度为40 ml兑水15kg），共4个处理。小区面积20m²。分别于药后7天、15天调查魔芋受害情况，记录受害症状，评价各种除草剂对魔芋的安全性（表2-1）。

表2-1 不同除草剂对魔芋生长的影响（2009年，湖北 建始）

处理	施用量	施用浓度	魔芋受害情况	
			施药后7天	施药后15天
41%草甘膦异丙胺盐（AS）	1500ml /hm²	100ml兑水15kg	生长正常	生长正常
56% 2-甲-4-氯钠盐（DP）	1000g /hm²	70g兑水15kg	茎秆螺旋状扭曲，叶片正常	茎秆扭曲严重，叶片开始发黄，部分有枯萎症状
75%烟嘧磺隆（WP）	80g /hm²	5.5g兑水5kg	叶片开始褪绿、发黄，植株开始萎蔫	大部分叶片发黄、枯死，植株死亡
5%精喹禾灵（EC）	600ml /hm²	40ml兑水15kg	叶尖开始褪绿、发黄，叶片上出现水浸状斑点、变黄，逐渐坏枯	叶片及茎秆枯死，用手轻轻一拔即从基部断开

注：1hm²=10⁴m²。

试验结果表明，在作用机理不同的4种除草剂中，只有草甘膦异丙胺盐在合适的使用浓度下对魔芋安全，2-甲-4-氯钠盐、烟嘧磺隆、精喹禾灵等其他除草剂都对魔芋有不同程度的伤害，因此，不能用作魔芋田间除草。草甘膦的除草作用主要是能竞争性抑制5-烯醇丙酮酰莽草酸-3-磷酸合成酶（即EPSP合成酶）与底物结合，进而阻断植物体内芳香族氨基酸合成的莽草酸途径，达到除草目的。可能魔芋体内具有莽草酸替代途径，或者EPSP合成酶发生突变，草甘膦与之不能顺利竞争结合，这是自然界中天然耐受草甘膦除草剂的特例，并且，天南星科植物都具有这一特点，值得深入研究。

在魔芋田除草推广应用草甘膦除草模式，可有效地解决田间草害问题，并避免了魔芋根系受伤导致的软腐菌侵入。但有的农民反映说，用了草甘膦会有药害。这里有两种可能：①草甘膦的浓度使用不当，浓度不能过高，正常使用浓度为41%草甘膦水剂100ml兑水15kg，该浓度下，杂草会慢慢死亡，而魔芋可以耐受，每背桶水（15kg）加药量不能高于150ml；②在魔芋田中不要使用含量只有10%的草甘膦，因为这一浓度的水剂里面含有较多其他成分，有的可能对魔芋有毒害作用。因为10%草甘膦水剂可以由原药直接制备，也可以由废液浓缩后，回注一定量的原药来制备，而废液中含有较多的杂质或盐类，这些成分对魔芋来说是致命的；另外，为了加强10%草甘膦水剂的除草效果，也可能混配有其他农药，如在配制药剂时里面加入了一定量的2甲4氯或2,4-D、麦草畏、咪草烟、百草枯等，这些成分对魔芋来说具有杀死作用。纯粹的草甘膦药剂在合适浓度下对魔芋来说是比较安全的。

第六节

魔芋田间施肥问题与新技术

魔芋是喜肥怕瘠，需肥较多的块茎作物，生长期间对肥料的吸收较为旺盛，其中对氮肥需求量最大，钾次之，磷最少。魔芋出苗期以吸收氮肥为主，换头和膨大期以利用钾、磷为主；肥足，肥优才能满足魔芋200天生育期营养的需要，才能取得高产及高品质球茎。

氮肥与产量关系也最为密切，是魔芋生长的基础，其作用主要是促进地上部分生长，对叶部生长特别重要，其吸收量与叶面积成正相关。因此，在不引起徒长的条件下，提高其对氮的吸收量是必要的，但不可过多，特别是生长后期要适当控制，防止引起徒长，影响块茎膨大。钾对碳水化合物的合成和运转，特别是葡甘聚糖的合成和积累及植株的健壮生长，增强抗旱抗病能力，提高块茎的膨大率及耐病性有重要作用。

魔芋对钾的吸收与氮相似，大致出苗后1个月吸收量达到高峰，但在生长后期吸收量仍然较高。磷主要是参与代谢过程，充足的磷可促进植株正常发育，提高块茎质量，但其对磷的吸收量少。钙对魔芋生长点的活动，根尖生长及养分吸收都很重要。魔芋缺镁时叶缘及叶脉黄化，碳水化合物减少，叶易日烧，倒伏。缺锌时，叶脉间黄化，叶及根的生长受阻，提早倒伏，产量降低。

在施肥时应以农家肥为主，化肥为辅，施足底肥，早施追肥（最适宜雨天撒施，快速溶解吸收），适时喷洒叶面肥及适量的多效唑。具体施肥原则如下。

（1）施足底肥 底肥施用量应占总用肥量的80%以上，底肥以农家肥为主，氮、磷、钾肥配合。栽植前每亩用腐熟农家肥1×10^3kg（注意：一定要施用腐熟的农家肥，假如未腐熟，一方面会携带有大量病菌，另一方面农家肥在田间遇到雨水的二次发酵会导致魔芋伤根烂根，从而引发严重的病害；严禁施用新鲜未堆置发酵的猪粪、牛粪、鸡粪、人粪尿！在堆置农家肥时，特别是农村收集的稻草、枯枝落叶等为基础的堆肥，粪最好加入一定量的化肥，混合后堆制发酵，原因是这类农家肥含氮量不够，加入氮肥可改善碳氮比，为分解该堆肥的微生物生长提供良好的营养条件，这些微生物就可快速繁殖，为充分腐熟创造了有利条件，而施入的化肥以各种形式保存在有机肥中，可减少流失，逐步释放供魔芋吸收利用。

施底肥的比例一般为：钙镁磷肥25kg、15：15：15的三元复合肥30kg、硫酸钾20kg（注意：不要用氯化钾做钾肥，魔芋根系对氯离子非常敏感，一旦钾离子被吸收后，剩余的氯离子对魔芋根系的生长不利），把这些应施的底肥混匀后全部施到魔芋行的最底层。施肥方法需要注意：当底肥施于沟底后，用耙子与土壤拌匀，然后覆盖一层土壤，再在土上播种，种芋栽植好后，厢面上再撒一定量的发酵好的有机肥，面上再盖一层2寸厚的细土即可（做到魔芋不与肥料直接接触）。

（2）追肥　一般魔芋生长期视魔芋的长势来决定是否追肥，如果底肥中有机肥足量，可不施追肥。当植株生长发育不良，苗架矮小，黄化，应施含氮量高的有机氮肥。追肥一般分两次施用，即6月下旬，植株展叶后到换头前重施第一次追肥，以施肥总量的10%～20%的有机肥和专用肥混合施用。第二次追肥在8月中下旬，以魔芋专用肥为主，施肥量约占施肥总量的10%左右，其主要作用是增强叶片长势、防止叶片早衰和延长光合作用时间，有利于产量的提高。

施追肥方式一定要注意：追肥最好用复合肥或尿素，禁用碳酸氢铵（会导致局部氨浓度过高，伤苗）。追肥应选择下雨天进行，冒雨追肥，让雨水充分稀释与溶化肥料，以防根系细胞接触到局部高浓度肥料而造成烧伤。在湖北监利县境内，有人在树林下种魔芋，在8月下旬时，觉得魔芋肥力不够，就在田里撒施了尿素（10kg/亩），天气预报说当天晚上有雨，但没有下雨，15天后，魔芋叶片均开始发黄枯死，但下面的球茎是好的，没有受到肥害。旁边树林中没有撒施尿素的田块则无此现象，说明有些尿素颗粒在土壤中水分的作用下，慢慢溶化，但没有扩散，致使局部氨浓度过高，魔芋根系受到伤害导致地上部分发黄。这一鲜活的案例应该给我们足够的教训！

（3）叶面肥的施用 叶面肥的施用仅是对魔芋生长前期和后期营养的补充，一般来说，魔芋生长的前期根系发达，后期新根长出速度与土壤水分、养分密切相关，当在魔芋膨大期，根系提供养分不足时，此时施叶面肥将起到事半功倍的效果，对提高魔芋产量和改善品质有一定的补充作用。叶面喷施是在枝叶封行以后直接喷于叶面上。喷施的肥料：可以喷冲施肥系列或高含氨基酸的叶面肥或1%磷酸二氢钾，具有显著的效果。假如担心叶面肥中含有激素，导致魔芋不适应，可直接自己配制叶面肥：在1背桶喷雾器中（10～15kg水）加入150g磷酸二氢钾、50g尿素、100g白糖、30g 15%多效唑（一定要注意多效唑的有效含量），在太阳快落山时喷施较为适宜。自己配制的叶面肥，施药后第三天开始，叶片会变得浓绿，生长势变强。

（4）生物肥的施用 微生物肥料中含有大量多功能微生物，对土壤和魔芋的生长发育具有多方面的功效，对病害的抑制具有较大好处。湖北省长阳县境内，农户有种植天麻的习惯，据农户们自己反映，凡是利用天麻田块种植魔芋，魔芋几乎不发病。笔者进一步调查发现，天麻是与蜜环菌共生的，真正起作用的是蜜环菌，该菌占据了土壤中的有利生态空间，把软腐病病菌、根腐病病菌、白绢病病菌的种群极大压低或消除，这才创造了有利于魔芋健康生长的良好环境。现在市场上销售的生物钾肥、生物磷肥含有解钾（磷）菌，能活化土壤中的钾、磷、镁、铁等元素，易被魔芋吸收利用。为了保持有效菌落的存活数，生物肥不能与碳铵、尿素等化肥混合施用，施用方法是在摆放魔芋时，在魔芋行中撒施一层生物菌肥，然后及时掩埋。注意氮、磷、钾的配合，微量元素的补充和菌肥施用。

为了更好地应用生物肥，可以自己制造一些生物肥：首先，把种植过天麻地块的土壤（含有蜜环菌）挖一些，加入捣碎的菌棒（种了菇类过后的菌棒），然后与堆置腐熟的猪粪、牛粪等混合，再浇透水堆置 1 个月，这里就含有较多有益菌。在应用以前，可以把市面上的生物肥[含有解钾（磷）菌]与自制的生物肥进行混合，施用到田间效果会更好。

第七节

魔芋田间遮阴与地面覆盖问题及技术革新

在魔芋栽培生态环境中，有两个关键问题一直没有得到很好满足：一个问题是遮阴问题；另外一个问题是地面覆盖保湿降温。

魔芋的天然生态环境是在树林下生长，树林提供了良好的遮阴环境，遮挡了高温气候。凡是房前屋后零星种植的魔芋，遮阴良好的就基本无病害，膨大系数也高。但在人工规模化栽培时，仅部分满足了魔芋的遮阴环境，有的采用玉米套种魔芋，因为玉米的高度有限，玉米遮阴在夏季高温时也难以给魔芋提供一个阴凉的环境，导致二高山地区（海拔500～800m山区）种植的魔芋发病十分严重。有的是在核桃、杜仲、意杨林、柑橘林下等种植魔芋，由于这些经济林不会像野生林一样的密度，阳光投射的空隙较多，单比玉米遮阴的环境要稍好，但这种种植模式导致魔芋产量不高，因为施进去的肥料首先会被树根大部分吸收掉，等魔芋5月份生根时，树木的根系早就开始活动吸收养分了，魔芋所需要的营养难以得到很好的保障，而野生魔芋由于稀疏，没有产量要求而生长很多年，可以达到单个产量很高。假如用遮阳网，当然可以达到所需要的效果，但是成本大大提高，从经济学角度来说不合算，做课题研究当然是可行的，对靠魔芋来创造经济效益的农民来说不值得。现在在山区种植魔芋（海拔800～1200m），能获得较高产的模式还是跟玉米套种模式，可以同时收获玉米和魔芋，但要求种植行距不能过宽，一般两行玉米中间套种两行魔芋即可，不能两行玉米中间套种3～4行魔芋，那样的话，玉米对中间生长的魔芋就不能起到遮阴效果，到时就会有一定损失。当然，高于1200m海拔地区，可以考虑裸种魔芋，不存在高温的问题，反而要防范低温的危害。

　　在平原或低海拔丘陵地区种植魔芋，不能种植在没有遮阴处理的大田，也不能选择玉米做遮阴植物，只能选择经济林或果树林中空闲地来种植魔芋。

　　在平原地区经济林中，树叶较大遮阴较好的樟树林，还有意杨林均可种植魔芋，丘陵地区的针叶林如松树林等由于遮阴效果不佳达不到魔芋生长要求，发病死亡率很高。因为5年以上的意杨林间套种作物没有收成，选择这一空地来种植魔芋，可满足魔芋生长要求。意杨林在平原上行距一般为4m，整地时可整成两垄，每垄宽1.3m，中间预留80cm操作行，每垄种2行，行距1m即可。假如意杨林的长度超过200m，除了厢沟与围沟外，中间最好要挖2个腰沟，因为平原地区夏季暴雨较多，魔芋田块的积水要能迅速排出去，否则，魔芋的浅根系易受雨水浸泡而使抗性下降，病害会随雨水迅速蔓延。

　　平原上种植魔芋还有一个不利因素就是干旱，碰到一些特别干旱年份，魔芋缺水严重，需要打井以备干旱浇水之需。意杨林下种植魔芋，还有一个不利因素：当夏天爆发杨扇舟蛾为害时，树上叶片会被吃完，变成光秃秃的树枝，此时打药，由于树干太高而无法施药，导致魔芋受到阳光直射而使之遭受日灼病和根腐病、软腐病等病害侵扰，产量会受到极大影响！

　　在果树林中可选择柑橘林间空地来种植魔芋，其他果树如桃树、梨树等不完全适合魔芋生长。因为桃树的果实在6月份进入成熟收获期，田间操作频繁，而此时魔芋刚开始散叶，禁忌田间频繁操作，另外，桃树树叶稀疏，遮阴不够，魔芋生长不利。梨树主要由于田间遮阴不够，七八月份田间农事操作、打药等频繁不利于魔芋生长，魔芋易受伤而感病。在平原地区只有柑橘林叶片宽大，树冠浓密，遮阴条件良好，并且其生育期与魔芋比较吻合，柑橘林田间农事操作要少于梨树、桃树等，适合魔芋生长。柑橘林的行距一般为3～4m，因为柑橘本身是起垄培土栽培，魔芋栽培可选择在柑橘树周围与树间挖窝栽培，在柑橘行间沿着柑橘树侧可起垄栽培，垄宽80～100cm，每垄种1行即可，中间预留操作行。在柑橘林中种植魔芋有时候会对柑橘根系略有损伤！

魔芋种植，除了上面空间需要遮阴外，紧贴地面部分最好也要覆盖，对于地面覆盖主要有3方面作用：①保持土壤湿润，促进出苗，后期有利于球茎膨大；②覆盖物抑制杂草生长的效果明显，还可节省大量除草用工，而且对魔芋根系有保护作用；③盖草后土质疏松，通气性好，不板结，不结块；是一项对魔芋防病丰产极有效的特殊管理措施。

对于魔芋田块的地面覆盖，目前还没有一个统一的模式，一般在魔芋栽种后，铺秸秆或稻草或树枝、松针等，这固然是好的措施，但对于一家种植5亩以上的田块，这一措施就变得异常困难，到时候就没有足够的秸秆或稻草或树枝、松针，况且收集这些材料所需的人工成本也很高，这给实际操作带来较大难度。

我们需要换一种思维，在魔芋种植出苗前（一般5月底6月初出苗），可以考虑种植能覆盖地面的植物，有以下几种选择：可以种红薯、紫云英、苜蓿、白三叶草等植物覆盖地面。

套种这些植物做覆盖物时，要考虑田间杂草问题，首先在种植前20天用41%草甘膦水剂把魔芋田中杂草防除干净，待草甘膦在土壤中失去活性后方可种植这些覆盖物。现把种植这几种覆盖物的优缺点进行分析。

① 红薯　一般来说，扦插种植红薯，可以起到很好的覆盖作用，生育期也完全吻合魔芋的生育期，红薯根系分泌的物质对病菌具有较好的抑制作用（如在黄萎病发生比较严重的棉花地，扦插套作种植红薯，可以大大缓解黄萎病的危害）。但红薯的根系发达，块根膨大时对土壤表层的水肥需求量较大，会与魔芋竞争营养，虽然从地表遮阴和覆盖的角度来说，是一个不错的选择，但种植红薯为覆盖物最终会影响魔芋产量，不属于最佳选择。

② 苜蓿　是多年生植物，植株高30～90cm，主根长，分枝多，耐干旱，耐冷热，产量高而质优，又能固氮改良土壤，是畜禽所喜食的蛋白质牧草，有"牧草之王"称号，主要用制干草、青贮饲料或用作牧草。初生根能深入地下，生长2个月时籽苗的根可深入土壤40cm，5个月时达80cm，当植株生长2年以上时，若底土多孔则主根可深达100cm以上，因此苜蓿对干旱的耐受能力极强。但苜蓿用作魔芋地遮阴覆盖物时，有以下弊端：苜蓿有时候

长势会超过魔芋株高，它会与魔芋争光而抑制魔芋的光合作用；苜蓿的根系很深，属于多年生植物，其对水分的吸收量大，虽然会给魔芋提供一定量氮肥，但对土壤水分有竞争嫌疑而抑制魔芋球茎的膨大。从这两点来说，苜蓿也不是魔芋地覆盖物的最佳选择。

③ 紫云英　为越年生草本植物，多在秋季套播于晚稻田中，作早稻的基肥，是我国稻田最主要的冬季绿肥作物。此外，紫云英还能直接作饲料或青贮紫云英，营养价值颇高。但紫云英属于冬季作物，到春天就要开花结实，夏天属于紫云英的衰老死亡期，所以紫云英作为魔芋地遮阴覆盖物时，从植物形态要求方面能基本满足魔芋要求，但主要是生长季节不对应，魔芋生长正需要紫云英覆盖地面时，紫云英处于衰老时期，达不到魔芋需要保墒保水需求，虽然紫云英具有固氮能力，可为魔芋提供一定量的氮肥，但综合来说，紫云英也不是魔芋地覆盖物的最佳选择。

④ 白三叶草　为多年生草本植物，着地生根。它们矮生，茎细长而软，匍匐地面，植株高30～60cm，小叶倒卵形，中部有倒"V"形淡色斑，三枚小叶的倒"V"形淡色斑连接，几乎形成一个等边三角形。白三叶草喜欢温凉、湿润的气候，最适生长温度为16～25℃，适应性较广，较耐阴，在部分遮阴条件下生长良好。耐修剪、耐践踏，再生能力强，一般做草坪草之用。这一特点刚好可以用作魔芋地的覆盖植物之用：a.植株不高（30～60cm）；b.耐荫蔽；c.根系不特别深，与魔芋

不会形成强烈的竞争作用；d.成本不高，每亩地需种子0.2～0.5kg，价格10～13元。综合说来，白三叶草是魔芋地中最好的覆盖物！一般在山区魔芋地中，于6月初用41%草甘膦除第一次草，待草死完后，利用雨天将白三叶种子（0.5kg/亩）撒播到魔芋田中，苗出齐后，即可遮蔽魔芋地块不裸露，也可抑制其他杂草的生长，是魔芋覆盖的不错选择。

第八节

植物生长调节剂在魔芋田间应用

植物生长调节剂是外源的非营养性化学物质，通常可在植物体内传导至作用部位，以很低的浓度就能促进或抑制其生命过程的某些环节，使之向符合人类的需要发展。每种植物生长调节剂都有特定的用途，而且应用技术要求相当严格，只有在特定的施用条件（包括外界因素）下才能对目标植物产生特定的功效。往往改变浓度就会得到相反的结果，例如在低浓度下有促进作用，而在高浓度下则变成抑制作用。

植物生长调节剂在其他大田作物上应用较多，比如棉花上前期用助壮素、缩节胺促进植株节间缩短，利于挂果，后期可用乙烯利导致落叶有利吐絮；花生上用比久，促进花生根系发育成花生；果树上用保花保果或疏花疏果的植物生长调节剂来调节果树的挂果量。

目前在生产上发现具有调控植物生长和发育功能的植物生长调节剂有：复硝酚钠、四甲基戊二酸、胺鲜酯（DA-6）、芸苔素内酯、氯吡脲、α-萘乙酸、赤霉素、乙烯、细胞分裂素（异戊烯腺嘌呤）等。但在魔芋上应用的植物生长调节剂仅只有少数几种，现简要介绍它们的作用，以供参考。

1. 多效唑

多效唑（PP333）的主要作用是减少营养生长。它到达顶端分生组织后，会抑制赤霉素的产生，从而降低细胞分裂速度，使更多的同化物质运输到花芽形成及果实生长的部位，增产效果十分明显。

在魔芋上应用多效唑，应在6月下旬施用，施用量一般为15%多效唑可湿性粉剂30～60g/亩，兑水喷雾，注意不要在一个地方停留时间过久，导致局部浓度过高，对魔芋生长造成抑制作用；另外注意，一定要在魔芋全部散叶以后应用，否则会导致魔芋叶片往下皱缩翻卷，不能正常散开，影响光合作用效率。在魔芋上按剂量使用多效唑后3天，植株形态不会发生改变，但叶片变成墨绿色，比正常未使用过多效唑的叶片可多生长20天左右，可以更好地积累光合作用产物，对于提高产量具有积极意义。

注意：多效唑假如在魔芋还未展叶时使用，会造成掌状复叶向下翻卷，大大延缓魔芋正常散叶时间；另外多效唑在魔芋上使用浓度过高，也会导致魔芋叶片向下翻卷，个别球茎上会有一株多苗现象出现，属于正常现象，不必担心！

2. 助壮素

助壮素（CCC）：抑制茎的伸长，使植株矮化、粗壮，使枝条节间变短，叶色浓绿。它只影响茎部亚顶端分生组织细胞分裂和生长，而不影响顶端分生组织分化，故对花芽和形态影响不大。

待魔芋完全散叶后，也即6月底或7月上旬，可喷施助壮素，喷施量为5ml/亩，喷施时要严格掌握用药量，不可多施；喷药时间在晴天以下午喷施为好。魔芋喷施助壮素后3天左右，颜色变得浓绿。其对产量的影响还未有数据作支撑。

3. 根茎膨大素

根茎膨大素中一般含有矮壮素、氯化胆碱、萘乙酸钠、细胞分裂素（异戊烯腺嘌呤）、氯吡脲等，可显著提高作物叶片叶绿素、可溶性蛋白和植物碳水化合物的含量，增加叶片的光合效率，制造更多的营养物质向块根、块茎输送。促进根原基早萌发，促使块根、块茎提早膨大，增加大、中块根、块茎的比率，对器官的横向生长和纵向生长都有促进作用，增进根系对养分的吸收，预防早衰。

施用方法：叶面喷施，15～20ml兑水15kg，待露水干后均匀常规喷雾。魔芋上应用应该在7月上旬、7月下旬、8月中旬各喷施一次，共喷施3次，可起到较好的功效。

特别注意：一定要看清楚根茎膨大素中是否含有复硝酚钠成分，假如含有该成分，在魔芋上不能使用！复硝酚钠会造成植株扭曲畸形，叶片黄化枯死，最后造成无法挽回的损失。

4. α-萘乙酸

α-萘乙酸为生长素类植物调节剂，经由叶片、植物的嫩表皮、种子进入植物体内，随营养流输导到生长旺盛的部位（生长点、幼嫩器官、花或果实），明显促进根系的尖端发育，具有部分根茎膨大剂的功效；同时具有诱导开花、防止落花落果、增强植物的抗旱、抗寒、抗病、抗盐碱、抗干热风的能力。

用量：2g兑水15kg进行喷雾。

注意：绝对不要加量喷雾，否则容易出现药害！

5. 芸苔素内酯（未实验）

6. 氨基寡糖素

具有提高植物抗性的功效（未实验）。

第三章

魔芋病虫害防治策略

第一节

魔芋病虫害的种类概述

病虫害对魔芋种植业造成的损失是目前魔芋生产中面临的最重要问题。一些芋农形容魔芋生产是"本大、利大、风险大",其"风险大"就是指魔芋病害对生产的威胁大,特别是软腐病的威胁。因此,如何有效地降低病害的发生率是魔芋丰产高效栽培的重要措施。因为魔芋一旦发病,该株魔芋就无法保全,其地下球茎也会基本腐烂消失,即使部分保留,也会由于携带病菌而造成来年发病。据统计,魔芋病虫害造成的损失每年平均为30%～50%。

魔芋病害主要有软腐病、白绢病、根腐病、叶枯病、病毒病、缺素性病症和日灼病。其中发生最普遍的病害是软腐病、白绢病、根腐病;尤其软腐病是为害最为严重的病害,一般会造成30%的损失,严重的可达50%～80%,甚至绝收。

目前化学农药对魔芋软腐病的防治效果不理想,魔芋软腐病菌主要残存于土壤、种芋中。对于种芋带菌,目前较好的解决办法是熏蒸消毒(500kg魔芋种,需用高锰酸钾500g,甲醛1000ml),但对于土壤带菌,病菌能在魔芋生长期间从根部侵入,很难防治。一方面,农药进入土壤很难杀死土壤中的病菌,因为土壤是一种胶体结构,具有很强的吸附和降解农药的能力，导致农药在大田难以有效杀灭病原菌；另一方面，由于农药内吸传导性差，杀菌剂即使能顺利进入魔芋体内，也难以从植物地上部分传导到地下部分并有效地控制进入作物维管束内和地下球茎的病原菌。

选育和种植抗病品种是防治这类病害的最有效途径，但目前我国栽培的魔芋品种（主要是花魔芋、白魔芋、珠芽魔芋等）缺乏抗软腐病的种质资源，这还有待人工转基因手段培育抗病魔芋种质资源。

水旱轮作能有效控制该病害的发生，但由于我国耕地面积和水源条件的限制，这一措施很难实施。因此，对于魔芋的软腐病，还未发现特别有效的化学药剂，目前实验室也未培育出来能在生产中应用的抗病品种，即使快速培育出来，到大田中应用也还有待3～8年时间，需要审批和大田检验，目前仅靠健康栽培措施和生物防治途径来减少魔芋病害的发生和为害，魔芋的病害问题一直是困扰魔芋产业壮大的瓶颈。

魔芋虫害主要有魔芋天蛾、斜纹夜蛾、豆天蛾（猪儿虫）、蛴螬（金龟子）、蝼蛄和线虫等，由于魔芋体内含有毒生物碱，目前能为害魔芋的害虫不多，其中经常发生的害虫主要是天蛾类食叶害虫，1～2昼夜可把植株的一个复叶部分或全部吃光，只剩下光杆，对单个魔芋植株来说基本没有光合作用了，下面的球茎也无法膨大。因为魔芋是多年生宿茎草本植物，每年仅生1片多裂的大型复叶，植株一旦染病或遭虫害，则由于无法再生新叶而带来难以挽回的损失。

下面将分节来具体探讨各病虫害发生的病原、发生规律及防治新策略。

第二节

魔芋软腐病及其防控策略

一、软腐病发生基本概况

软腐病在世界各个魔芋产区普遍发生，中国和日本产区的为害均较重，但日本病情稍轻。主要是由于日本种植魔芋的土壤大部分进行了溴甲烷熏蒸消毒，而中国目前的土壤熏蒸消毒技术还未实施。一方面消毒成本较高，每亩地消毒要花费1000多元，芋农对此项技术的实施意愿不强。另一方面，该技术在魔芋地的应用时期及剂量还要进一步摸索。在我国，魔芋软腐病发生地主要集中于海拔1200m以下山区及低海拔丘陵地区，高海拔地区由于气候温凉不利于魔芋软腐病的发生，所以高海拔地区种植魔芋，其病害较少发生，但产量也不高（魔芋块茎膨大系数受到影响），该区域做繁种基地还是相当不错的。魔芋软腐病对产量的损失影响一般可达15%左右，高的可达30%～50%，更严重的地块可达80%甚至绝收，目前是芋农最为头疼的一个病害，个别地区因为该病害的严重为害而放弃了魔芋种植业，这对魔芋产业极为不利，生产上急需一套综合有效、简单易懂的种植模式或培育相应的抗病品种来解决这一难题，为魔芋产业的恢复与壮大奠定基础。

二、症状

魔芋软腐病是一种细菌性病害，生长期和贮藏期均可发生。在魔芋生长期间种芋发病可导致以下症状：出苗期种芋发病时，长出的芽变黑褐色或苗尖弯曲，叶不能完全展开，叶色淡，稍用力即可将植株拔起，温度高时幼苗萎蔫，湿度大时，幼苗及种芋变黑、湿腐，叶柄和种芋均腐烂；展叶后种芋才发病的植株，叶片初期产生水渍状、暗绿色、不规则形病斑，外界条件适宜时病斑急剧扩展并引起叶肉组织软化腐烂，叶片向叶柄弯曲；病菌能从发病部位沿维管束的导管蔓延至叶脉、叶柄、茎、茎基部，形成系统性发黄萎蔫，但有时表现为植株一侧发黄，俗称"半边疯"；或全部发黄，块茎与叶柄交界处折断叶柄，随着块茎及根腐烂程度加重，水分和养分的吸收及运输功能减弱，叶片出现萎蔫，后全株枯死。叶柄和茎部受害后常产生条状褐色病斑，并有红褐色汁液渗出；若病叶柄基部腐烂，叶片萎凋，茎基部腐烂，则导致植株倒伏；球茎发病时，在表面亦产生水渍状暗褐色病斑，向内部扩展，渐呈灰色或灰褐色黏液状腐烂并散发出臭味（图3-1）。带菌球茎在贮藏期也可继续发病引起腐烂，是导致烂窖的主要原因。

图3-1 魔芋软腐病田间图

三、病原

病原菌 *Erwinia carotovora* subsp. carotovora ，隶属于细菌界薄壁菌门欧氏杆菌属，为胡萝卜软腐欧氏杆菌胡萝卜亚种。病菌的寄主范围广泛，除魔芋外，番茄、辣椒、葱、茄子、大白菜、甘蓝、苤蓝、莴苣、芹菜、马铃薯、胡萝卜以及瓜类、药材等都能受害。菌体短杆状，大小（$0.5 \sim 1.0$）μm ×（$2.2 \sim 3.0$）μm，周生鞭毛2 ～ 8根，无荚膜，不产生芽孢，革兰染色反应阴性。琼脂培养基上菌落为灰白色，圆形或变形虫状，稍带荧光性，边缘清晰；埋在牛肉汁培养基中的菌落，多半为圆形或长圆形。

该菌在 4 ～ 36℃ 均能生长发育，最适温度为 25 ～ 30℃，致死温度为50℃、10 min；对氧气要求不严格；在pH值 5.3 ～ 9.2均能生长，以7.2为最适。病菌不耐干燥和日光，在室温干燥条件下 2 min 即死亡；将培养皿中菌落日光下晒 2 h，大部分细菌死亡；病菌在土壤病残体上可存活多年。

软腐病病菌能分泌消化寄主细胞中间层（果胶质）的酶，导致细胞分离和组织崩溃，细胞液流出。在腐烂的过程中容易受到其他腐败性细菌的侵染，分解细胞蛋白胨，产生吲哚，因此发出臭味。

四、病害循环

软腐病病菌主要随病残体在土壤或球茎中越冬，成为主要的初侵染来源，带菌球茎是远距离传播的重要途径。贮藏期带病种芋可继续发病并向相邻的健康种芋蔓延。当年发病植株上的病菌在田间依靠雨水、灌溉水传播，昆虫和农事操作人为接触也能传播，病菌可从伤口或皮层气孔（图3-2）或根尖直接侵入。病害再侵染频繁，适宜环境条件下病情发展迅速，从发病到植株倒伏在高温期仅需3天左右。适宜发病温度范围为4～38℃，最适为25～30℃，高温高湿条件下易流行。湖南、长江两岸6月上中旬始发，8月下旬9月上旬达高峰，后气温下降病害停滞，但平原地区可延长到9月中旬。一般连作地、栽植过密或地势低洼、排水不良、田间湿度大或氮肥及害虫过多发病重。

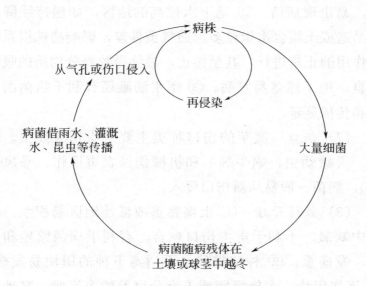

图3-2　魔芋软腐病病害循环

五、发病因素

病菌喜高温高湿条件。在25～30℃范围内如遇多雨天气极易发病并流行，造成严重损失。一般连作地、栽植过密、地势低洼、排水不良、植株徒长或生长衰弱时，发病都重。此外软腐病的发生与伤口及影响寄主愈伤能力的因素以及栽培管理水平有一定的关系。

（1）气象因素 气象因素中以与雨水关系最密切，空气湿度和土壤含水量的异常都可引起腐烂病的发生。① 多雨可导致空气湿度过高，使得叶片蒸腾作用减弱，从而影响到根系对土壤中水分与养分的吸收，植株生长减缓，易出现病情。② 地下水位高的地区，如遇持续降雨容易造成土壤含水量过多，通气条件差，影响植株根系呼吸作用的正常进行，甚至终止，最终导致养分物质的吸收不良，地下球茎易发病。③ 雨水滴溅还有利于病菌的繁殖和传播蔓延。

（2）伤口 魔芋的伤口种类主要是虫伤（线虫、蛴螬、天蛾幼虫、蜗牛等）和机械伤（农事操作、暴风雨等），病菌一般易从新伤口侵入。

（3）栽培管理 ① 土壤黏重或低洼地区易积水，致土中缺氧，不利于寄主伤口愈合，有利于病菌繁殖和传播，发病重。② 种芋携病、不消毒下种的田块易发病。③ 连作田块、多施氮肥或未充分腐熟的农家肥、畦地无覆盖等因素都会诱发、加重软腐病。

（4）寄主抗病性 目前国内外虽缺少抗病的魔芋种类，但不同的种类之间存在抗病性差异。一般白魔芋的抗病性优于花魔芋，具备珠芽特征的"攸乐魔芋"、"桂平魔芋"比较抗软腐病，可在高海拔地区种植，低海拔种植叶部易灼伤。

六、防控策略

由于软腐病病菌可在土壤或病残体中越冬并存活较长时间，因此，防治该病应以农业防治为主，结合防治害虫和化学保护，才能收到较好的效果。

1. 选育无病种芋，并对之进行消毒处理

贮藏前和播种前认真做好消毒处理。留种的魔芋球茎在挖出之后要晾晒2天以减少水分20%～30%（表面黑褐色，干燥），然后用高锰酸钾和甲醛进行混合（每处理500kg种芋需500g高锰酸钾、1000ml甲醛，处理方式见前面种芋处理环节）熏蒸48h，之后再次晾晒1～2天，最后埋放在干燥的草木灰中贮藏（目前最佳的处理方式）。

播前可再次重复上述熏蒸和晾晒的方法处理，如种芋表面干燥未见其他腐生性微生物，也可省去播前处理。

2. 做好播前土壤消毒处理

播前整地时将草木灰和生石灰（每亩地需1000kg的草木灰和100kg的生石灰）旋耕到土壤中，以改善土壤疏松度、调节酸碱度、杀灭一部分有害微生物；假如草木灰或生石灰不易获得，可用氰氨化钙代替，每亩地撒施

50kg氰氨化钙,然后旋耕,开沟后使用45%石硫合剂一袋(波美度为3,约400g/袋),兑水10kg进行箱面消毒,沟底撒施克百威颗粒剂。然后再摆放魔芋球茎。

3. 加强遮阴、轮作与地面覆盖

有条件的地区可采用魔芋与天麻等中药材轮作,不要与茄科、十字花科作物轮作;魔芋喜荫蔽,可采取与玉米、高粱、油茶林、杨树林等间套作的方式,避免阳光直射,提高植株抗病能力。地面覆盖物可在5月底利用41%草甘膦除草后(不要用含有其他除草剂成分的草甘膦,否则会引起严重的死苗现象),1个星期后,利用雨天,一亩地撒播0.5kg白三叶草或红三叶草种子,以利于出苗,白三叶草植株不高,可有效覆盖地面,起到降低地温作用,是非常有效的地面覆盖物,其他植物容易造成与魔芋争水争肥,不利于魔芋生长和膨大。

4. 高垄栽培,严格控制追肥

根据魔芋生长特性,在栽培魔芋时,需要高垄栽培,一方面利于排水、透气,另一方面挖收方便。在魔芋管理过程中,尽量不要施追肥,万一生长不良需要追肥,一定要在下雨天,冒雨撒施,这样快速融化便于魔芋根系吸收,不会造成局部浓度过高而导致魔芋根系烧伤,另外可在喷施多效唑时添加一定量的磷酸二氢钾,可补充一定钾肥和磷肥。切忌泼浇未腐熟的人粪尿、畜禽粪便,这样会增加病菌入侵机会,一般会造成魔芋大片死亡,因为局部氨浓度过高,魔芋根系受伤,病原菌很容易侵染进魔芋球茎。

5. 及时拔除发病株

在田间发现病株后，连着球茎、周边病土等一起带出田外，深埋或烧毁以减少田间再侵染，并用石灰处理病穴。这一措施对减少田间病原非常有效。

6. 化学防治

（1）为了确保魔芋远离土壤中病菌，尽量将魔芋与病菌隔离，采取的策略就是将魔芋种芋进行包衣：将高锰酸钾与甲醛混合熏蒸后的魔芋种芋晾干后，在药剂中浸泡10min [药剂配方：爆石灰膏30%（按生石灰的质量比计算）、红黏土30%、草木灰将近40%、硫黄0.5%、三氯均三嗪0.1%、多菌灵0.1%，制成细粉，调制成浆状；然后将种芋浸泡其中]，播种后，外层药剂可杀灭所接触土壤的病菌，且一直起着防病保健作用，土壤残存的病菌一直处在相对隔离和不易扩散的状态中，在换头期以前，基本上切断了种芋与病菌的接触机会和传播机会，从而可有效地预防和控制病害发生。

（2）对初始发病植株，可采用农用链霉素500倍液混合氟啶胺1000倍液灌根，假如依然不能遏制，最好连病土一起挖走，烧毁或深埋。

7. 生物防治

魔芋是一种内生菌含量丰富的植物，其内生菌种资源中应该存在可抵抗软腐病病菌侵入的菌种资源。周盈等在魔芋组织中分离得到高抗魔芋软腐病的生防菌株枯草芽孢杆菌BSn5菌株，并从中分离了一个分子量为31.6kDa的新型抗菌蛋白APn5。马琼等从魔芋植株中分离筛选到抗魔芋软腐病拮抗菌——芽孢杆菌BJ-1，对软腐病病菌的拮抗带宽度达10 mm。

利用生物防治方法来解决魔芋软腐病问题刚刚起步，与其他作物的生物防治相比还有很多不足，目前已报道的魔芋生防菌也没能走向市场应用阶段。归纳起来主要存在以下一些问题：①筛选的生防菌本身不是魔芋根际优势菌，施用到田间后，其种群数量很快下降并恢复其在魔芋根际生态位中的自然地位，导致防效不好；②现在的生防菌剂多为单一菌株，少有联合不同生防菌的优势，难以在魔芋各个生育期均发挥较强的抗病效果；③在不同地区防效表现不稳定，主要是生防菌对土壤pH值、土壤类型等适应范围较窄。

针对以上生防菌开发中的缺陷，本课题组提出了"生防菌定向筛选理论"（专利申请号200910128193.8，公开号CN10831393A）。其核心思想之一是利用特殊培养基定向筛选与靶标植物密切相关的生防菌，确保了筛选的生防菌为靶标植物内生优势菌群；核心思想之二是集合靶标植物不同生育期的优势内生菌，确保定向于植物不同生育期均有高效发挥抗病作用的优势生防菌，避免出现在苗期抗病性好，而在成株期效果较差或无效。同时通过筛选时生防菌出现频率来配比其在复合生防菌剂中所占比例，克服了单一菌株的不足。

应用该理论，现已从魔芋根际和魔芋体内富集而筛选的、对魔芋软腐病病菌具有高活性的拮抗菌3株，经16S rDNA鉴定分别为枯草芽孢杆菌（*Bacillus subtilis*）YUPP-5、蜡状芽孢杆菌（*Bacillus cereus*）YUPP-6和多黏类芽孢杆菌（*Paenibacillus polymyxa*）YUPP-7。将这3种生防菌按一定比例混合，盆栽和田间小区试验，其防效均达到70%（图3-3～图3-5）。该复合生防菌实现了强效多菌的联合作用，克服了以往生防菌剂的缺陷，当在魔芋根际施用该菌剂后，3种菌能迅速进入魔芋体内，多黏类芽孢杆菌能快速占据魔芋根际生态位，再加上这3株菌的强烈抗魔芋软腐病菌特性，使该复合生防菌具有巨大实际应用价值。另外，由于多黏类芽孢杆菌兼具高抗白绢病活性，使用联合生防菌抗软腐病的同时，对白绢病也有很好的预防效果。

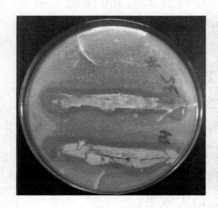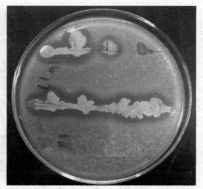

图3-3　魔芋内生生防菌对软腐病病菌的初筛效果

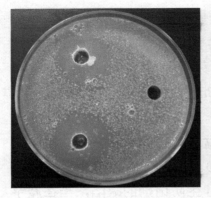 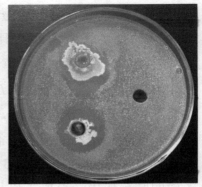

图3-4　魔芋内生生防菌代谢产物对软腐病病菌的抑制效果

当把这些生防菌株分别发酵后，并按一定比例混匀，然后与云母粉等填料充分混合，制得"软腐菌克"生防菌剂（50g/袋，含菌量10^9cfu/g）。由于该菌剂为活菌施用，在田间操作时，最好选择田间湿度较大的时期进行喷灌处理，喷雾器去掉顶端喷头后，沿魔芋茎秆基部周围部喷菌，喷菌量为30ml/株（即每桶水喷500棵魔芋菌左右），菌液配制浓度大约为10^7cfu/ml（每桶水兑菌剂2包，约100g）（图3-6～图3-10）。在魔芋生育期在苗期、换头期、膨大期各使用一次，其防效可达60%～75%，高于化学杀菌剂的使用效果。注意：由于该菌剂是活菌制剂，不要与杀菌剂混用，因为该菌剂的防效主要是活菌渗入魔芋根际，从根毛区域进入魔芋植株后，能定殖于魔芋体内，充当魔芋的卫士，抵御病菌的入侵。所以使用时也要等田间湿度足够时才能发挥其最大效果。

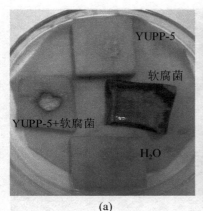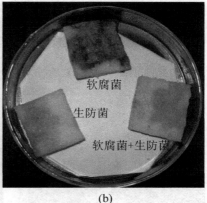

(a)   (b)

图3-5   生防菌在活体上抗病评价

(a) YUPP-5在马铃薯上对软腐菌的抑菌活性；
(b) YUPP-7在魔芋上对软腐菌的抑菌活性

(a) 软腐菌克产品图片   (b) 软腐菌克产品说明

图3-6

(c) 对照   (d) 软腐菌克灌根处理

图3-6   软腐菌克可湿性粉剂（试制品）及其田间防效

图3-7   项目组成员在田间应用软腐菌克可湿性粉剂沿魔芋根部
喷药——长阳县境内（2009年6月5日）

图3-8 魔芋基地工人在田间应用软腐菌克可湿性粉剂沿魔芋根
部喷药——长阳县境内（2010年6月5日）

图3-9 基地工人在田间应用软腐菌克可湿性粉剂沿魔芋根部喷
药——潜江市境内意杨林下（2010年6月10日）

图3-10　潜江市境内意杨林下魔芋处理区长势（2010年7月25日）

表3-1　魔芋根际施用不同药剂对其防效的影响（2009年，湖北长阳）

施用药剂	施用浓度与剂量	第2次施药前（7月5日）		第3次施药前（7月20日）		8月10日	
		病株率/%	相对防效/%	病株率/%	相对防效/%	病株率/%	相对防效/%
生防混菌A	$1×10^7$ cfu/ml（50ml/株）	0	100	1.26	89.87	6.74	68.84
生防混菌B	$1×10^8$ cfu/ml（50ml/株）	0	100	0.53	95.74	4.46	79.38
72%农用链霉素（SPX）	1g/L（50ml/株）	0.25	88.69	3.68	70.42	11.38	47.39
20%叶枯唑（WP）	0.5g/L（50ml/株）	0.74	66.52	5.75	53.78	13.26	38.70
CK	—	2.21	—	12.44	—	21.63	—

用药灌根处理后，8月10日调查田间发病率可控制在15%以内，用$1×10^7$ cfu/ml浓度生防混菌灌根的防效可达68.84%，当浓度提高10倍时，同期防效达到79.38%（表3-1），与农用链霉素和叶枯唑灌根处理相比，其防效显著。

表3-2　魔芋根际施用不同药剂在田间的防效（2010年，湖北长阳）

施用药剂	施用浓度与剂量	第2次施药前（7月15日）		第3次施药前（7月23日）		8月13日	
		病株率/%	相对防效/%	病株率/%	相对防效/%	病株率/%	相对防效/%
生防混菌A	$1×10^7$ cfu/ml（50ml/株）	0	100	3.63	78.08	8.92	64.85
生防混菌B	$1×10^8$ cfu/ml（50ml/株）	0	100	2.54	84.66	5.86	76.91
72%农用链霉素（SPX）	1g/L（50ml/株）	1.24	76.78	4.46	73.07	13.26	47.75
CK	—	5.34	—	16.56	—	25.38	—

表3-2结果表明：当魔芋种芋处理过关、土壤初步消毒处理以及杀虫处理到位，结合生防菌处理3次（出苗期、换头期、膨大期），这些生防菌能很好地在魔芋体内定殖，并达到防病的效果。

第三节

魔芋白绢病及其防控策略

一、症状

白绢病又称白霉病，是一种在植物上发生较普遍的病害，它能侵害包括中草药、果树、作物、草坪、蔬菜等62科200多种植物，也是魔芋的主要真菌病害之一。随着魔芋栽种面积的增加，魔芋白绢病的发生和危害逐年加重，轻则减产、重则绝收，严重影响了魔芋种植业的发展和产业化。

病菌主要为害茎或叶柄基部（接近地表 1 ～ 2 mm 处）及球茎，叶柄基部或茎基染病，初呈暗褐色不规则形斑，后软化，致叶柄呈湿腐状，湿度大时病面或茎基附近长出一层白色绢丝状菌丝体和菜籽粒状的小菌核（图3-11），菌核初白色，后变黄褐色或棕色。8月雨后极易爆发，植株从基部倒伏（图3-12、图3-13），球茎小，严重减产。病株叶片前期绿色，后期变黄，终致叶柄倒伏，病株基部四周的地表也出现大量菌丝和菌核的蔓延，一般在雨水过后要及时查看田间病情状况，因为雨后一晚上，白绢病菌丝可爬伸10m左右，所过之处，魔芋尽皆感染倒苗，蔓延速度较快。

图 3-11　魔芋白绢病侵染后形成的菌丝及菜籽状菌核

图 3-12　魔芋被白绢病侵染后刚刚倒苗后的症状

图3-13 魔芋白绢病侵染倒苗症状及周边土壤中白绢病菌丝

二、病原

魔芋白绢病病原菌 *Sclerotium rolfsii* Sacc.，为真菌界半知菌类、丝孢纲、无孢目、小核菌属的齐整小核菌。有性态为*Atheria rolfsii* (Curzi) Tu. and Kimbrough属担子菌门真菌。病菌寄主范围广泛，可侵染近100科、约500种植物，菌丝初为白色，后变为黄褐色，易产生红褐色小菌核（直径1～2 mm）。在湿热的环境条件下，还能产生担子和担孢子，但担孢子侵染作用不大。病菌的腐生性很强，在枯枝落叶、杂草上均能生长，菌核在土壤中可存活多年。白绢病病菌生长发育的温度为13～38℃，最适温度为30～32℃，最适pH值为6～7.5，超过8.0时菌丝、菌核难以生长和萌发，所以在防治时，只要改良土壤pH值即可达到阻断病菌生长和传播的目的（如在病部周围撒施生石灰，自家贮藏的草木灰也可）。

三、病害循环

病菌以菌丝体和菌核在土壤、种芋、病残体、杂草、堆肥以及作物根际越冬，并成为次年初次侵染来源，带菌种芋是造成远距离传播的重要途径。菌核单独在土壤中可存活5～6年（多存在于3～7cm的表土层），在干燥土壤中存活更久；菌核以及菌核萌发产生的菌丝可经直接接触或从伤口侵入寄主（图3-14），菌核萌发17h即可侵入植株，2～4天后病菌分泌大量毒素及分解酶，使植株基部腐烂。

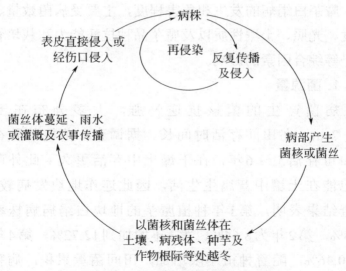

图3-14　魔芋软腐病病害循环

发病部位产生的菌丝体可沿土表或通过病株与健株接触，进一步蔓延传播、扩散，病菌可借助雨水或中耕操作进行传播，菌核也可以随灌溉水漂流或农事操作而扩散。据调查，田间病株出现后，病株周围土壤中的菌丝沿土壤裂缝或地面蔓延，一般可延伸20～40 cm以上，侵染周围健株引起发病。当土表干燥时白色菌丝向土壤深处延伸，深度达20 cm。

白绢病的发生时期稍迟于魔芋软腐病，大田6月下旬开始发病，8～9月高温高湿季节发病重，特别是平均气温25～28℃，遇雨后转晴更容易流行。

四、发病因素

魔芋白绢病的发生和危害程度，主要受病菌数量、温湿度、光照、土壤性质以及魔芋品种抗病能力和栽培管理水平等综合因素的影响。

1. 菌源量

病菌产生的菌核抗逆性强，大多分布在土表3～7cm，在田间存活时间长。据调查，菌核单独在土壤中可存活5～6年，在干燥土中存活更久；此外菌丝体也能在土壤中营腐生生活，因此连作地块发病较重。调查结果表明，第1年种植魔芋的地块白绢病病株率为1.98%，第2年为8.64%，第3年增加到12.72%，第4年高达20.46%。随着种植年限增加，田间菌量累积，病害逐年加重。

2. 温湿度

白绢病属高温型病害，温暖潮湿天气有利于病菌的生长发育，因此在夏季高湿闷热时，发病快，危害大，尤其是在雨后天晴时易流行。一般在6月下旬开始出现发病株，8月中旬进入盛发期，9月上旬达到高峰期以后，随着气温的下降，病害也逐渐停止发展。

3. 光照

魔芋原产于热带、亚热带疏林之下，为半阴性植物。强日光长期照射下易发生病害，荫蔽栽培可有效减轻发病率，稳定产量。据调查，魔芋间作玉米、桑树、杜仲等的白绢病发生较轻，仅13.86% ～ 26.32%。

4. 土壤

土壤环境是决定发病轻重的主要因素之一。魔芋忌干旱和田间渍水的土壤，宜选用阴湿而不渍水、土层深厚、土质疏松、富含有机质的壤土种植；酸性土壤以及施用了未充分腐熟的畜禽肥料或过于密植的地块，都有利于病害的发生和蔓延，通常土壤pH值以6 ～ 7.5 为宜，如遇强酸土壤，可在耕作前施石灰改良；研究发现，钾能有效地促进魔芋营养物质的合成和运输，使植株健壮生长，提高植株的抗病性、抗旱性，同时可提高球茎的品质和耐贮性。试验结果表明，施用钾肥田块平均发病率8.1%，较未施田平均发病率减轻48.28%。前作有白绢病寄主作物的地块，容易感病。

五、防控策略

魔芋白绢病是典型的土壤传播型病害，由于目前还缺乏较好的抗病品种，因此防治上应以"预防为主，综合防治"为目的，通过各种途径有效地预防病害发生和减轻受害程度。为此生产上宜采用农业防治为主，药剂防护为辅的综合策略，依靠魔芋的健身栽培来减轻或控制病害发生程度。

1. 建立无病种芋基地

为了避免种芋在远距离运输中种芋相互挤压和摩擦，减少伤口以及调运过程中因冻害导致的烂种现象，各地应在种植区域内高海拔地区就近建立种芋繁育基地，实行统一供种，保证种芋规格和质量，可减少种芋带菌。

2. 合理轮作

魔芋连作地块病害严重，新地或水旱轮作发病轻。生产上可将魔芋与禾本科作物（小麦、水稻等）或葱蒜类轮作种植，忌讳与大豆、花生或茄科作物轮作，有条件的地方最好采取水旱轮作，以减少田间菌源量；轮作的周期一般为3年。若魔芋间作小麦，小麦成熟期魔芋尚未出苗或正出苗，收获后留下的残茬利于土壤改良和增加有机质。

3. 间（套）作遮阴

根据魔芋喜阴的生长习性，宜采用与其他作物间作或套种方式，可较好满足这一生理特性。据报道，纯种魔芋白绢病病株率为15.42%，间作玉米后病株率只有4.56%～7.98%；平原地区还可以采取魔芋与其他林木，如杨树林、樟树林以及柑橘园等套种的方法，都可以降低魔芋白绢病的发病情况，增加土地利用率。

4. 发现病株及时拔除

魔芋出苗后，应经常到田间检查，发现病株及时拔除并将病株带出田间销毁；病穴应及时消毒处理以防止蔓延，例如撒施生石灰或喷洒50%甲基托布津或多菌灵400～500倍液、百菌清600倍液可有效防止该病的蔓延和传播。

5. 生物防治

利用对病原菌具有抗菌作用或重寄生作用的微生物制剂，如井冈霉素、农抗-5102、哈茨木霉制剂、菌根菌制剂等，既可以抑制病菌生长发育，又能促进植株发育。

6. 化学防治

① 土壤药剂处理，减少土壤中病原菌数量，控制其繁殖。一般是在播前整地时撒施生石灰，使用量为750～1500 kg / hm^2，也可以结合撒施其他杀虫剂同时进行。②种芋处理，一般是在选种和晒种以后，采用药剂浸种的方法。例如64%杀毒矾或77%可杀得500倍液浸种20～30 min，也可用饱和石灰水清液浸种12 h，晾干后播种。③药剂治疗：对已经发病的植株可使用化学杀菌剂如代森锰锌进行喷施或灌根（根据药袋上标注的农药使用剂量即可）。

第四节

魔芋根腐病及其防控策略

一、症状

魔芋根腐病属于真菌病害，受害部位主要是在茎秆与球茎交接处，主要症状是有的地上部分完全保持绿色（图3-15），但根部与土壤交界处坏死发黑（软腐病和白绢病的受病部位不发黑，有明显区别）（图3-16）；有的上部叶片发黄（半边发黄，主要是受害维管束不能正常保证水分和矿质元素的吸收和转运），受害那一边的根系腐烂坏死，然后逐步扩展到全株发黄乃至死亡，有的球茎不完全坏死或消失，受害较轻的球茎依然完整，其病原菌种类因发生地区不同而异。在日本，根腐病菌有三种：尖镰孢霉属（*Fusarium oxysporum*）、腐霉属（*Pythium* sp.）和茄丝核菌属（*Rhizoctonia solani*），据目前的报道，中国各魔芋产区主要是由腐霉属和茄丝核菌属引起。

（1）由镰孢霉属几个种导致的根腐也称干腐病，在生育期和贮藏期均可发病，高温时的感染率更高。感染早期的魔芋球茎表皮粗糙，后期呈暗黑色干腐症状；感病的球茎在贮藏期遇到高温、高湿环境，表面密生白色霉状物而后干腐。若以感病种芋种植，轻者出现地上部

图3-15　魔芋根腐病导致倒苗（上部叶片及茎秆都正常）

分叶片黄化、维管束褐变倒伏，重者球茎只残存表皮而完全腐败。该病除感染魔芋外，还可感染甘薯、马铃薯等根、茎类作物。

（2）由腐霉属引起的根腐病，主要发生在生育期，田间呈块状分布。病菌可侵染魔芋根、根状茎、球茎和叶柄基部，最初部分根呈水浸状乳白色腐败，继而变紫色至褐色，全根腐败，故发病株极容易拔起。球茎刚出

图3-16 魔芋根腐病导致茎基部腐烂，导致倒苗

芽时发病，病菌可侵染叶柄基部，产生紫色水浸状软腐症状而倒伏；展叶前后发病的植株，因小叶逐渐褪色变黄、凋萎，叶柄上产生纵向病斑，最后倒伏死亡。发病植株的球茎轻者局部腐烂、与健康部形成界限分明的愈伤组织，呈畸形球茎，严重时球茎可在生长过程中完全腐败乃至消失。

（3）由茄丝核菌引起的根腐病不仅在日本、中国发现，印度的疣柄魔芋也常因此病造成毁灭性损失。该病也以生育期发生为主，可侵染根、根状茎、球茎、叶柄和苞叶等部位。受害植株在展叶后即可出现小叶黄化、叶片凋萎，此时地下部的根已经褐变、坏死；当叶柄凋萎时，根部已经完全腐败。生育初期出现上述症状的植株，当年结的球茎会萎缩而不膨大，出现未成熟球茎。如遇连续高温，则发病部位极易出现黑色腐败的"芽腐"、"叶柄腐烂"、"叶腐"。

二、病原

镰孢霉属引起的根部腐烂，不同地区种类有差异。大体上包括尖镰孢菌（*F.oxysporum*）、茄病镰孢菌［*F.solani* (Mart.) Sacc.］和菜豆腐皮镰孢根腐菌［*F.solani* (Mart.) App. et Wollenw. f.sp.*phaseoli*］等。病原菌属无性真菌类，土壤习居菌，寄主范围广泛，侵染植物后导致植株枯萎和发病部位腐烂。病菌能在5～40℃下生存，生长适温是25～30℃，可形成大型、小型分生孢子以及厚垣孢子。

腐霉属属假菌界的卵菌门卵菌纲腐霉目，土壤习居菌，其产生的卵孢子能单独在土壤中存活多年，病菌生长适温在23～25℃。

茄丝核菌也属于无性真菌类，系土壤习居菌。病菌除产生担孢子以外，不形成任何无性孢子，但能产生菌核。寄主范围较广，可侵染200多种植物，在5～40℃均可生长，适温17～28℃。

三、病害循环

上述几种病菌都是土壤习居菌，既可以在病残体上生存，也可单独在土壤中以休眠态存活多年，故能引起典型的土传病害。

镰孢霉属根腐病的初侵染来源为土壤、病残体或未腐熟粪肥中的厚垣孢子、种芋表面繁殖存活的病菌等，外界环境条件适宜时，病菌经伤口或芽眼侵入（图3-17），经维管束扩散到植株全身，引起地上地下部各种症状。田间借助土壤、灌溉水和农具等传播扩散。病菌除感染魔芋外，还可感染甘薯、马铃薯以及其他根茎类作物。此病一般从7月下旬开始，8月中旬达到高峰。土壤pH值为6.5时发病最多。

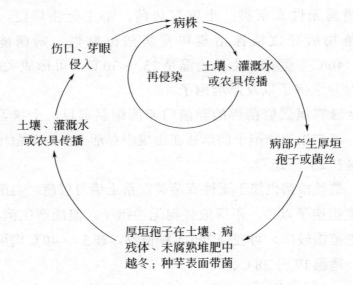

图3-17　镰孢霉属根腐病病害循环

腐霉属根腐病的初侵染来源主要是土壤和病残体中的卵孢子，少数种芋也能带菌，经伤口或芽眼侵染（图3-18），发病植株上的病菌产生游动孢子，借灌溉、雨水等在田间扩散。地温在15 ～ 37℃、pH值5.5 ～ 6.5范围内最适合发生。

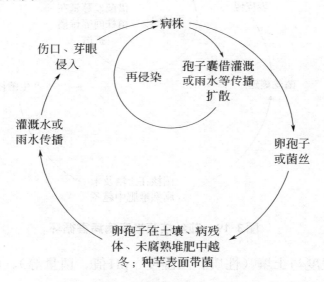

图3-18　腐霉属根腐病病害循环

茄丝核菌根腐病的初侵染来源主要是土壤中的菌核，有时候未完全腐熟的肥料也可以助长发病。田间病株基部可有白色菌丝覆盖，湿度大的时候通过菌丝蔓延导致相邻植株间扩散（图3-19）。病菌在13 ～ 42℃范围内均可生长，发育适温在24℃左右，喜湿耐干，土壤湿润有利于发病。

四、发病因素

三种病菌导致的魔芋根腐病，都是土传性病害。其发

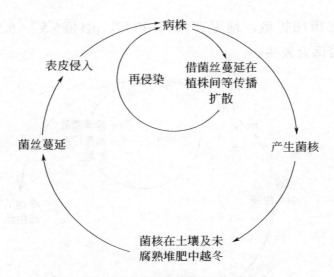

图3-19 茄丝核菌根腐病病害循环

生程度与土壤（性质、温湿度、pH值、菌量等）、耕作制度等关系密切。

1. 菌源数量

田间残留的病原菌接种体数量与发病初期病情程度呈正相关。例如由茄丝核菌引起的根部腐烂，上年发病重的田块或魔芋以外的寄主作物田块内遗留下来的菌核多，当年魔芋的初期发病率高。

2. 土壤温、湿度

病害一般在土温偏高时发生，例如由腐霉属真菌造成的根腐，在地温达15℃时即可能发病，30℃为发病适温，37℃为最高温；土壤pH值5.5～6.5时发病较多，当在5.0以下和7.0以上发病受到抑制。由镰孢霉属引起的根腐病也是在pH值6.5时容易发病，即土壤偏酸发病多。土壤湿度大有利于根腐病发生，故土质黏重、地势低洼排水不良的田块发病重。

3. 耕作与栽培制度

连作地因土壤中积累的菌量高而发病重，生荏地则发病轻，一般连作严重地块发病率可达90%以上，而与其他非寄主作物轮作的发病率在5%以下。另外，特别是施用未腐熟、中熟堆肥和稻草的地块发病较多。特别需要注意的是，当土壤中枯枝落叶较多而未全部腐熟的土壤中有机物含量多，腐生真菌的基数较高，种植魔芋（林下套种魔芋）根腐病发生较重，需要格外引起重视！在栽培时需要对表层土壤用三氯均三嗪进行消毒处理。

五、防控策略

防治魔芋根腐病可采取农业防治为主，药剂防护为辅的综合策略。

1. 合理轮作

为减少土壤中病菌数量，提倡轮作，有条件的地区可以考虑水旱轮作，条件不具备的地区尽量与非寄主作物如禾本科、豆科等轮作，忌与甘薯或马铃薯等根茎类、茄科、十字花科、菊科、藜科等作物轮作。

2. 加强栽培管理

如果条件允许的话，宜选择地势高、排水方便的地块种植，并尽量采用高畦栽培或深沟排水，防止根系浸泡在水中，促进根系生长发育，增强抗病性。

3. 种芋消毒处理

播种前对种芋进行选种和消毒处理。选择健康、无病、无伤、表面光滑、种脐小或成熟度好的种芋作种，并在播种前进行熏蒸消毒（高锰酸钾：甲醛=1：2）消毒处理48h，然后散开晒干，再播种。

4. 土壤改良

①在魔芋种植连作田中，残留着大量病菌及病残体等，可采用土壤杀菌剂如敌克松、三氯均三嗪等进行集中杀灭。②这些病害在偏酸性条件下容易发生，故可在播种前有针对性地撒施生石灰25～50kg（每亩），或草木灰改良土壤（100kg/亩，既可调节土壤pH值，又可增加钾肥），或用石灰氮（氰氨化钙）25～40kg/亩（既可调节土壤pH值，又可增加氮肥和钙）；③魔芋是高喜肥作物，当肥料不足或结构不合理时会影响产量及抗病性。在有条件的地区，可在播前按每亩2000腐熟的农家肥，以改善土壤结构。

5. 清洁田园

在魔芋生长过程中发现有中心病株时，应立即清除病中心病株带出田外集中处理，并施用生石灰或消毒粉处理病穴，减少因雨水或灌溉时的重复感染；魔芋收获采挖时，注意将土壤中的魔芋球茎、鞭芋等收挖干净，减少残体剩余。

6. 药剂防治

魔芋发病初期可用70%甲基托布津可湿性粉剂喷洒叶柄基部，7～10天1次，连喷3次。也可用75%的百菌清600倍液，或70%敌克松1500倍液，连续喷2～3次。或40%多硫悬浮剂800倍液、77%可杀得可湿性粉剂1500倍液、14%络氨铜水剂300倍液、50%多菌灵可湿性粉剂1000倍液加70%代森锰锌1000倍液混合喷洒，7～10天1次，连喷2～3次。

第五节

魔芋病毒病与防控策略

一、症状

魔芋病毒病属系统侵染，全株发病。主要表现为植株矮化，叶尖有缺刻或叶尖变细长，有时会有黄化症状，发病较轻时，叶大小正常，但叶色为淡白色至淡黄色，呈现不同程度的花叶症状，叶柄手感较硬；有的病株叶脉附近出现褪绿色环斑或条斑，现出羽毛状花纹或叶片扭曲。有时叶片变形、皱缩、卷曲，变成畸形症状，使植株生长不良，后期叶片枯死。

二、病原

魔芋病毒病可由多种病毒引起，国内报道是以芋头花叶病毒（Dasheen mosaic virus，DsMV）最为广泛，其次还有番茄斑萎病毒（Tomoto spotted wilt virus，TSWV）、黄瓜花叶病毒（Cucumber mosaic virus，CMV）等，这些病毒能单独侵染或复合侵染。此外，芋杆状病毒（TaBV）、芋瘦小病毒（CBDV）、芋脉褪绿病毒（TCVV）、芋羽状斑驳病毒（TFMoV）、魔芋花叶病毒（KoMV）、南芥菜花叶病毒（ArMV）等病毒也可能是侵染该科植物的病毒。但是，至今没有关于自然条件下以上病毒在天南星科植物上发生的系统报道。

芋头花叶病毒粒为线形，大小约750nm×12nm；是马铃薯Y病毒属（Potyvirus）成员，该病毒主要危害天南星科大田作物、药用作物和花卉植物，感染DsMV的芋植株通常表现为叶片产生羽状斑驳、花叶皱缩、叶脉和茎坏死等症状。在自然条件下，该病毒主要通过无性繁殖材料及多种蚜虫传播，也可经人工汁液摩擦接种传播。

番茄斑萎病毒是番茄斑萎病毒属的代表种，病毒粒为球形，直径约85nm，番茄斑萎病毒的寄主范围很广，可侵染35科900多种植物，在世界上多个国家和地区广泛分布，侵染烟草、大豆、番茄、花生、辣椒、莴苣和菊花、凤仙花等多种植物，自然界至少有8种蓟马可以持久性传播该病毒，包括烟蓟马（Thrips tabaci）、苏花蓟马（Frankliniella schultzei）、苜蓿蓟马（F. occidentalis）等。蓟马若虫获毒，成虫不能获毒，只有成虫才能传毒，介体有的可以终生带毒，但不能把病毒传给子代。病毒也可以通过汁液传播、种子带毒。植物和番茄种子带毒率可达96%，但仅发现1%是感染性的，病毒仅存在外种皮上而不在胚内。

黄瓜花叶病毒的分布广泛，寄主范围广，可传染200多种双子叶和单子叶植物。在植物体内可以到达除生长点以外的任何部位。病毒粒子为球形，直径35nm，致死温度60 ～ 70℃，稀释终点10^{-5} ～ 10^{-3}，体外存活期2 ～ 4天；自然情况下可以由多种蚜虫（桃蚜、棉蚜、菜蚜等）及甲虫传染，人工操作及汁液接触也可传播。

三、病害循环

上述几种病毒主要在发病母体球茎内越冬，种芋既可以成为远距离传播的侵染来源，同时对主要以无性繁殖为生产方式的植物而言，病毒也通过种芋、鞭芋或其他组织等传到下一代；此外，病毒也可在田间其他天南星科植物如芋、马蹄莲、半夏等寄主上越冬。DsMV和CMV都能借汁液摩擦接种和桃蚜、棉蚜、豆蚜等在田间扩散传毒（图3-20），番茄斑萎病毒还可借蓟马传毒；在田间管理期间的农事活动也可造成机械摩擦传播病毒。

症状表现：在植株6 ～ 7叶前较明显，高温期症状减轻甚至消失或表现出隐症现象。蚜虫等害虫发生严重的地区或田块发病重，当地翅蚜迁飞高峰期往往也是该病传播扩散的盛期。

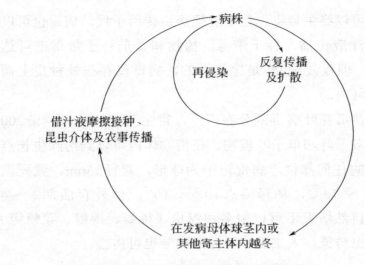

图 3-20   魔芋病毒病病害循环

四、发病因素

1. 缺乏抗病毒病的品种

目前培育抗病毒品种的途径局限在利用传统的自然变异育种、辐射育种和杂交育种等，这些方法对病毒病的防治效果不大。今后还有赖于生物技术的发展使得转基因育种成为可能。

2. 魔芋种芋带毒率高

有文献报道，在我国 DsMV 存在于所有的天南星科植物中，即使没有表现出明显症状的植株体内也能检测到它们的存在。因此种芋带毒也是造成生产中损失最大的一种传播方式。

3. 传毒媒介普遍存在

魔芋生长环境中传毒媒介昆虫大量而普遍存在，且其病害时期及发生程度与害虫的发生期和发生数量呈正相关。昆虫传毒在魔芋上还未经证实，需要进一步深入研究魔芋病毒病的传毒昆虫，特别是地下线虫也可能是传毒因子之一。

4. 缺少化学药剂

由于目前缺乏直接杀死魔芋病毒的农药，因此对于已经感染病毒的魔芋植株几乎是无能为力。

五、防控策略

魔芋病毒病的防控策略应以培育无病毒种苗、培育抗病毒品种和减少病毒田间传播为主，辅以药剂防治。

1. 选用抗病品种

这是防治病毒病的根本措施。可以从目前的我国各地方栽培种中，通过系统株选来提高其抗病性；也可以通过筛选作物种质资源中的抗病毒基因和源于病原的抗性基因等途径获得抗性基因，利用生物技术手段选育；还可以直接从国外引进新的高抗品种。

2. 培育无毒种芋作种

利用组织培养方法，通过茎尖分离或茎尖离体培养结合高温脱毒等方法脱去原来植株所携带的病毒，培养新的无毒种芋。

3. 药剂防治，及时灭蚜

魔芋病毒病田间传播介体以蚜虫为主，而魔芋苗期蚜虫易为害，应积极防治田间蚜虫的发生，可有效阻断病毒的田间传播，达到良好的防治效果。此外，农事操作中用肥皂水或10%磷酸钠消毒器具和双手，能防止汁液摩擦传染；及时清理田间感染病毒的种球和植株，使用防虫网进行隔离栽培等也是阻止病毒田间传播的有效手段。

4. 健身栽培，辅以化学免疫制剂

增施磷肥、钾肥，增强植株抗病力；及时除草，保证魔芋植株的健康生长，同时在苗期可配合使用氨基寡糖素、病毒A、盐酸吗啉等抗病毒药剂来增强植株的免疫力。

第六节
魔芋日灼病及防控策略

一、魔芋日灼病症状

魔芋日灼病是由极端强烈的光照引起灼伤，使细胞遭到破坏，组织坏死（图3-21、图3-22）。强烈的光照、持续的高温环境和土壤的干旱是日灼病爆发的主要因素。植株生长不良、失绿、卷缩和焦枯是其发病的主要症状。发病特点则是没有发病中心和不表现出扩散现象。晴热高温极端干旱天气往往造成魔芋大面积的严重日灼病，往往带来巨大的损失。

图3-21　珠芽类魔芋的叶灼病

二、防治策略

1. 适当的遮阴

魔芋是一种喜阴、喜温暖、忌高温的作物，适当的遮阴可以保护魔芋叶片不被灼伤，给魔芋荫蔽凉爽的小气候。对于已与玉米、果树套种的，日灼病的发病较轻；而

图3-22　花魔芋上发生的叶灼病

净作的田块，日灼病的发生相当严重。因此，在低海拔或低于1200m海拔高度的地区种植魔芋，最好不要净作，一旦遇到高温干旱天气，而且缺乏灌溉条件的情况下，极易爆发日灼病。

2. 干旱时适当的补水

干旱的发生让魔芋的蒸腾作用无法顺利进行，魔芋无法通过水分的蒸发来调节自身的温度。当田块干旱有开裂的迹象时应适当补水，补水应该选择在傍晚进行。因为白天浇水会造成高温高湿的环境，会加重魔芋软腐病和白绢病的发生。

3. 合理的追肥

不施氮肥，合理施一些偏磷肥和钾肥的复合肥。也可用0.5%的磷酸二氢钾作叶面追肥。

第七节

魔芋缺素症及防控策略

一、魔芋缺素症状

魔芋常见的缺乏元素有钾、锌、铁、镁、锰。如果魔芋生长的土壤中这些元素含量极少，或含量多而不能吸收利用，都会引起这些元素的缺乏，会使魔芋在生长发育过程中代谢失调（图3-23、图3-24），影响魔芋产量。

1. 缺钾症

叶片尖端边缘出现黑褐色斑点，继而整个叶片前缘火烧样，卷曲萎缩，仅叶片前缘基部和中间近叶脉处局部保持绿色，发病后植株生长受到抑制。

2. 缺锌症

展叶期叶片展开度小，呈丫形，小叶细小，向内卷曲，叶脉从淡黄色到黄白色，中脉和侧脉仅残留部分绿色，后期叶柄干缩，最后全株枯黄倒伏。块茎生长不好，影响产量。缺锌若发生在叶展开之后，则叶片正常开展，绿色健全，但叶片8月份以后开始黄化，明显退绿，9月

图3-23　魔芋田间缺素症（一）

份以后，中脉和侧脉仅残留部分绿色，似日灼症状，一般不倒伏。缺锌症状多发生在高温少雨季节。

3. 缺镁症

一般在8月上中旬发生，开始魔芋小叶四周开始黄化，逐步发展到叶身只剩沿主脉部分是绿色的，最后整个全部变黄，很早倒苗，强日光下，黄化部位变白、枯萎倒

图3-24　魔芋田间缺素症（二）

苗，严重缺镁时球茎减轻，子芋数量明显减少。土壤缺镁，土壤过酸，久雨后暴晴易发生缺镁，轻则减产，重则失收。

4. 缺铁、锰症

缺铁时叶片叶绿素分布不均匀，呈碎白点花纹状，引起枯萎，叶色退绿变为黄白色，进而呈灰色。缺锰时，无明显症状，叶片有时会变成黄红色，叶片变硬发脆。

二、魔芋生长发育所需要的营养元素及其生理功能

魔芋生长发育所需要的营养元素可以分为大量元素和微量元素（表3-3）。

表3-3　魔芋生长所需要的营养元素

大量元素	合成有机物的必需元素	碳——C	氢——H
		氧——O	氮——N
		磷——P	硫——S
	必需的矿质元素成分	钾——K	钙——Ca
		镁——Mg	硅——Si
微量元素肥料	必需的矿质元素成分	铁——Fe	硼——B
		锰——Mn	锌——Zn
		铜——Cu	钼——Mo

以上16种元素中，对魔芋栽培影响最大的是N、P、K、Ca、Mg 5种元素。其他元素土壤中含量能满足魔芋栽培及生长的需要不易缺乏。N、P、K对魔芋生长发育是最必需的，缺少会造成较大程度减产。对魔芋而言，大量元素中造成减产最多的是缺钾，其次是缺氮，再次是缺磷；微量元素中锌、铁、镁易产生缺素症。

1. 氮

魔芋不能直接利用空气中的氮，氮在多方面直接或间接影响魔芋植株的代谢活动和生长发育，氮是氨基酸、蛋白质、酶、辅酶、核酸、叶绿素、生物膜等重要有机化合物的成分。氮可促使魔芋地上部分繁茂，细胞中叶绿体含量增多，提高光能利用率，有利于有机物质积累和蛋白质含量增加。缺氮，使魔芋体内多种代谢受到影响，出现不同病症，魔芋缺氮，地上部分生长下降，叶片变黄，叶面积缩小，叶面呈现黄斑，叶绿素合成速率降低，球茎膨大率极差，在一般情况下，减产达30%以上。

2. 磷

磷参与魔芋植株体内的糖代谢，形成糖磷酯、核苷和核酸等，足够的磷可以保证植株正常生长发育，提高品质，总产量也会提高，但子芋数明显增多，种芋耐贮藏；缺磷，成熟延迟，蛋白质合成速率降低。

3. 钾

一般不参加有机物组成，在细胞内主要为水溶性无机盐。钾能有效促进碳水化合物的合成和运转，并促进养分向球茎转移，增加葡甘聚糖、淀粉、维生素含量，对提高球茎品质、耐贮性有明显作用，钾能促进植株生长健壮，增强抗病力，抗旱能力。缺钾使碳水化合物代谢紊乱，光合作用受到抑制，而呼吸作用得到加强。

4. 钙

分布在魔芋叶片中，与中胶层的果胶质形成无机钙盐，有联结细胞的作用，可中和植株体内的有机酸，帮助合成蛋白质。

5. 镁

镁是叶绿素的组成成分。因此植物体内大部分镁分布在叶绿素器官内，镁是许多酶的特殊活化剂。魔芋缺镁时，叶边缘黄化，有时也可能出现在叶脉间，缺镁与日灼病出现复合症状的情况比较多，缺镁时，小叶一展开就呈现黄化，同时很容易倒伏，以子芋和两年生的魔芋发生最多。

6. 铜

铜是植物体内一些氧化酶的成分，它参与植株体内氧化还原过程，铜可增强呼吸，提高净光合率，增加叶绿素含量，延缓叶片衰老，抵御不良环境。

7. 铁

铁是形成叶绿素所必需的元素，缺乏时产生缺绿症，铁在细胞呼吸和代谢中起着重要作用。

8. 锰

锰是许多酶系统的活化剂，锰有利于淀粉酶的活动，促进淀粉的分解和糖类转移，从而能促进魔芋植株的初期生长。

9. 锌

锌对植物有高度的毒性，只能使用极低浓度，要维持魔芋的正常代谢，需使用微量的锌。

三、魔芋缺素症防治方法

缺素症一般是不易补救的，只有事先增施有机肥，有条件的地方，也可用硫酸镁或硫酸亚铁进行叶面喷雾。

（1）对缺镁的田块，应进行深耕改土，增施有机肥及硫酸镁等含镁肥料。发病期每隔3～4天喷1次5%的硫酸镁溶液，共喷3～4次。

（2）对缺锌田块，除加强肥水管理，提高地力外，在播种前可增施硫酸锌，发病初期开始用0.4%硫酸锌喷洒叶面，3～4天一次，共2～3次。

第八节

魔芋天蛾及斜纹夜蛾的为害与防控

一、魔芋天蛾

（一）概述

为害魔芋的天蛾为甘薯天蛾，别名旋花天蛾、白薯天蛾、甘薯叶天蛾，分布在全国各地。群众俗称"猪儿虫"。一般新田块也会发生该虫害，但第一年非常轻，以后逐年加重。老田块几乎年年都有该虫为害的可能，需要格外注意该虫的爆发为害。

幼虫虫体体色鲜艳，初龄幼虫以鲜绿色为主（图3-25），两侧有鲜黄色的气门线，老龄幼虫两侧气门线黄红兼有，同时随着食源改变体色发生多变。老熟幼虫体长约83mm，体上有许多环状皱纹，第8腹节有1尾角，末端下垂弧状，尾角杏黄色。

成虫：体大，体长50mm，翅展90～120mm；头部暗灰色，胸部背面灰褐色，有两丛鳞毛构成褐色"八"字纹，腹部背面中央有一条暗灰色宽纵纹，各节两侧依次有白色、粉红色、黑色横带3条。前翅稍带茶褐色，翅尖有1条曲折斜走黑褐纹，后翅有4条黑褐色带（图3-26）。

图3-25 为害魔芋的天蛾幼虫

图3-26 为害魔芋的天蛾成虫

卵：圆形或椭圆形，体长2～3mm，初浅黄绿色，后转褐色。

蛹：长约56mm，褐色，腹面色较淡，喙伸出很长，弯曲似鼻状。

生活习性：在湖北魔芋田块1年发生2代，老熟幼虫在土中 5 ～ 10cm 深处作室化蛹越冬。在湖北西部山区，越冬后的老熟幼虫当表土温度达 20℃左右时化蛹和羽化，成虫于 6 月出没于魔芋地，第一次产卵高峰出现在 6 月中下旬，在 8 月中旬出现第二次产卵高峰。卵散产于魔芋叶背，卵为球形，浅黄绿色。每雌虫平均产卵 300 粒，卵期 6 ～ 8 天。初孵幼虫先取食卵壳，继而爬到叶背面取食叶肉和嫩茎，可将叶片吃成缺刻，高龄幼虫食量大，严重时可把叶食光，仅留老茎。幼虫共 5 龄，幼虫 4 龄前白天多藏于叶背，夜间取食（阴天则全日取食）。由于魔芋仅有一个掌状复叶，甘薯天蛾对魔芋危害很大，造成当年魔芋不能膨大。魔芋生产基地应该高度重视魔芋甘薯天蛾的防治工作。

（二）防治方法

① 农业防治：适时翻耕，将越冬的蛹翻出地面冻死，降低越冬虫口基数。

② 于 3 龄前幼虫期喷药处理，如 50％辛硫磷乳剂 1000 倍液，或 20％杀灭菊酯 2000 倍液，或灭杀毙（21％增效氰马乳油）3000 倍液，均有较好的效果。

③ 对于 3 龄以上的幼虫，在上述药剂基础上可以添加阿维菌素以增强效果。

④ 对于局部爆发的虫害可以重点挑治，以减少用药量（因为该虫往往具有中心局部爆发的特点）。

⑤ 选晴天无风的上午 9 ～ 12 点和下午 3 ～ 6 点防治

效果较好。

⑥ 也可使用生物防治方法，如在卵盛期释放赤眼蜂等，有较好的防效。

二、斜纹夜蛾

此外，魔芋地还有斜纹夜蛾为害（图3-27）。

图3-27　为害魔芋的斜纹夜蛾幼虫

对于斜纹夜蛾的防治方法同甘薯天蛾。

三、蚜虫

在个别地方，还发现蚜虫也开始为害魔芋（图3-28）。

防治魔芋蚜虫的方法：化学药剂防治可及时喷洒10%吡虫啉可湿性粉剂500倍液、20％灭多威乳油1500 倍液、

图3-28　魔芋被蚜虫为害的刺吸点发黄

50％灭蚜松乳油1000倍液、20%百虫净乳油800～1000倍液；25%快杀灵乳油40～45ml/亩，兑水15kg喷雾，80％敌敌畏乳油1000倍液喷雾。

喷雾时添加一定量的洗衣粉效果会更好！

第九节

蛴螬的为害及防控

一、蛴螬生活习性

蛴螬是鞘翅目金龟甲总科幼虫的总称，在全国各地均有发生。蛴螬主要在地下活动并取食魔芋的根茎，形成伤口或蛀空球茎，同时其能携带软腐病病原菌，引起魔芋软腐病的发生和传播，造成魔芋品质下降和产量降低。成虫金龟子（图3-29）主要取食植物地上部分的叶片，使植株长势减弱。

图3-29　为害魔芋的金龟子幼虫与成虫

蛴螬体肥大，呈长椭圆形，多为白色，少数为黄白色。头部大而圆，多为黄褐色，上有左右对称的刚毛，上颚显著。体壁柔软多皱，体表疏生细毛。蛴螬为寡足型，具胸足3对，后足较长。腹部肿胀，分为10节，第10节称为臀节，臀节上生有刺毛。

蛴螬一般一到两年发生1代，以幼虫或成虫在土中越冬。幼虫在土下55～100cm深处越冬，当春天地温达10℃以上时，即上升到耕作层开始危害根部。7月中旬到9月中旬老熟幼虫在地下化蛹，20天左右羽化为成虫。成虫当年不出土，在土下30～50cm处越冬。到4月中下旬地温上升到14℃以上时，成虫开始出土活动，5月中下旬是盛发期，9月上旬为终见期。5月下旬成虫在6～12cm的表土层里产卵，6月中下旬为产卵盛期，6月中旬开始出现初孵蛴螬，7月中旬是孵化盛期，10月中下旬终见。成虫白天潜伏在土中，傍晚开始活动，20～22时活动最盛，22时以后逐渐减少。

蛴螬的发生与气候、土壤等条件相关。蛴螬终年栖息于土中，其活动与土壤温度密切相关。春季土下10cm土壤温度达到13～18℃时蛴螬活动最盛，超过23℃时，即逐渐下移到深土中。秋季地温下降时又开始上升为害，地温降至9℃时，则重新向土壤深处移动，地温降至5℃以下就完全越冬，因此蛴螬一般在春秋两季危害较重。除土壤温度外，土壤湿度对蛴螬的影响也较大。金龟子卵和幼虫生长的最适土壤含水量为15%～20%。如果土壤过干，则卵不能孵化，幼虫易于死亡，成虫的繁殖力和生活力也受到影响。在低洼地、水浇地及雨水充足的旱地上，蛴螬发生较为严重。土壤质地和有机质含量等土壤条件对金龟子的产卵和幼虫的活动均有影响。成虫喜欢将卵产在有机质较多的土壤中，肥沃、有机质多、土壤湿润的田块蛴螬发生较为普遍。

二、防治蛴螬的方法

（1）农业防治　改变耕作制度，实行水旱轮作，可降低虫口密度。精耕细作，清除田间杂草，秋冬季深翻地，可将一部分成虫或幼虫翻至地表，使其冻死或被天敌捕食以及机械杀伤，防效明显。

（2）药剂防治　整地时用80%的敌百虫可湿性粉剂，每亩用0.5～1kg，制成毒土施入，成虫盛发期用40%乐果乳剂1500倍液喷洒或用4.5%高效氯氰菊酯1500倍液喷雾，幼虫危害球茎期用50%辛硫磷乳剂，每公顷用250～350g拌细土10～15kg，撒于播种穴或沟施于根际，杀灭幼虫。

（3）物理防治　使用黑光灯或频振式杀虫灯诱杀成虫以降低次年虫数，平均每20～30亩挂一盏杀虫灯。

此外还可使用白僵菌、金龟子黑土蜂等生物防治方法。

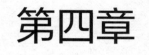

第四章

魔芋种植品种与改良策略

第一节

魔芋现有的种质资源

魔芋在中国已有2000多年的种植、食用历史，原为野生植物，引种后成为栽培植物，1500年前传入日本，仅有花魔芋一个种，日本是规模化种植和研究魔芋最早的国家。魔芋主要产于亚洲地区，日本、韩国、缅甸、老挝等地区都有魔芋的种植和食用历史。在中国主要分布在长江中段和长江以南地区，如云南、四川、湖北、陕西、广西、贵州等地。魔芋种类很多，现已证实的魔芋品种有130多种，我国分布有21种，其中9种为我国特有品种。魔芋最大的利用价值在于其葡甘聚糖（KGM）成分，魔芋是唯一能大量提供葡甘聚糖的主要经济作物，但并不是所有的魔芋品种都能合成KGM。根据魔芋体内葡甘聚糖的含量差异可把魔芋分为三种类型。

（1）葡甘聚糖型　其主要成分以葡甘聚糖为主，干物质含量为50%～60%，仅含有11%～20%的少量淀粉。其代表品种有花魔芋和白魔芋等。

（2）淀粉型　其主要成分以淀粉为主，含量在40%以上，仅含有3%～5%的少量葡甘聚糖，其代表品种有疣柄魔芋，甜魔芋和南蛇棒，等主产于非洲和印度等地。

（3）中间型　其葡甘聚糖干物质含量约占30%，淀粉干物质含量约占40%,其代表品种有攸乐魔芋和西盟魔芋两个品种。

在中国，含有较丰富KGM的品种主要有花魔芋、白魔芋、疏毛魔芋、东川魔芋、弥勒魔芋等。其中白魔芋品质最好，KGM含量达60%以上,淀粉含量仅11%,而花魔芋中葡甘聚糖含量为50%左右，但花魔芋的每亩产量要比白魔芋高，且更适宜广大山区栽培，是我国当前大量种植的魔芋品种。

下面对我国栽培的主要魔芋品种分述如下。

1. 花魔芋 (*Amorphophallus rivieri*)

该品种分布于东亚各地，中国从南到北各分布区均有该品种，为日本和中国的最重要栽培品种，该品种喜温暖湿润，需要遮阴种植，耐弱光，喜散射光。其球茎干基葡甘聚糖含量在55%以上，最高可达60%。植株各部均有毒，可入药。其块茎近球形，直径0.7～25cm以上，顶部中央稍凹陷，顶芽红色，内为白色，有的微红。叶柄长10～150cm，基部粗0.3～0.7cm，光滑，茎秆上有黑白相间或褐色斑块。叶片绿色，3裂；花魔芋一般4～5年才能开花，花序佛焰苞形（图4-1）。现在规模化种植的花魔芋多分布在海拔800～2500m的山区，花魔芋的适应性较强，产量较高，一年生单芋球茎重0.5～2.5kg，单芋球茎重可高达15～20kg。

2. 白魔芋 (*Amorphophallus albus* P.Y.Liu et J.F.Chen)

白魔芋是刘佩瑛、陈劲枫1984年发现并命名的新种，

图4-1　各生长时期的花魔芋

为中国特有的魔芋种质资源，自然分布区在我国金沙江河谷地带，主产于四川省南部及云南省北部，多分布在海拔800m以下的地区，较耐旱。其块茎近球形，直径0.7～10cm，肉质洁白，顶部中央稍下陷，顶芽白色。叶柄长10～40cm，基部粗0.3～2cm，茎秆光滑纯绿色，或有微小白色或草绿色斑块（图4-2）；基部有膜质白色鳞片4～7片，披针形，白魔芋一般2～3年就能开花，佛焰苞船形。白魔芋的根状茎较多，产量较花魔芋低，但品质好，其干基葡甘聚糖含量可达60%，黏度也最高，褐变较轻，加工成品的色泽洁白、品质最佳，经济价值高。一年生单芋球茎重0.5kg以下，两年生以上的单芋球茎重一般为1.5～2.5kg。

图4-2 白魔芋的植株

白魔芋与花魔芋的亲缘关系虽近,但比花魔芋喜更多的热量和光强,更能适应较干热环境。广西的田阳魔芋,云南西盟、龙陵、金平的黄魔芋均在热量和光照较充足地区形成,更能适应干热环境。经过对我国白魔芋主产区的调查,发现各地对发展白魔芋生产的积极性很高,但是随着各地白魔芋种植面积不断扩大,出现了白魔芋球茎比例变小,根状茎比例变大,总产量下降情况,同样的白魔芋在一个地方生长得很好,经济效益很可观,可是被引种到另外的地区,就会出现不适应当地条件的问题,使很多芋农蒙受很大的经济损失。在引种时一定要注意适宜区域和气候的问题。

3. 珠芽类魔芋

珠芽类魔芋具有如下一些特点。

①叶面生长有独特的气生"珠芽球茎(bulbils)"是其最大的特点。②珠芽类魔芋的地下球茎周围无繁殖(根)茎,这一独特的根系特点则更有利于其地下球茎生长迅速,其结果是块茎个头大,产量高。③适宜高温高湿环境,抗病性强:其主要分布于我国云南南部及缅甸北部、印度尼西亚、斯里兰卡、印度、泰国北部等高温多雨地区,气温高达38 ~ 40℃环境下也能正常生长。长期以来的生物自然选择使热带雨林气候成为珠芽类魔芋最适宜的生长环境,较花魔芋、白魔芋在生长期更耐热、耐水、抗病能力强,这也避免了长期以来魔芋种植在高温高湿的7 ~ 8月规模化种植发病率高的风险。④具有多苗同体

现象。珠芽类魔芋地下球茎虽有顶芽优势，但因球茎表面具有丰富的芽眼，侧芽（潜芽）数量多，侧芽的发苗率亦很高，多苗同体现象较多见，其特点是在原魔芋种球的顶芽处生长出1棵主苗，当主苗破土生长1～2个月后，紧挨着主苗周围会生长出1棵或2棵"侧苗"，所不同的是，"侧苗"是从正在生长中的新球茎上长出的，且"侧苗"高度往往超过主苗。在外观上表现为同一块茎会（先后）生长着2～3棵苗，多苗现象这一特点显著提高了此类魔芋植株的光合作用效率，更有利于块茎中干物质的积累。⑤花叶同生现象。一般的魔芋种具有花叶不同时见面的特点，即开花就不长叶，长叶就不开花。但珠芽类魔芋非常特殊，具有花叶同生现象，其实是多苗现象中的一种特例。这是珠芽类魔芋花叶基因在特定生长环境条件下具有一定的可逆平衡：在不同的生长期，魔芋球茎其组织中存在一个花芽基因和叶芽基因的相对可逆转换平衡，这为人工诱导育种带来了机遇。

现在珠芽类魔芋主要包括攸乐魔芋（*A. yuloensis*），红魔芋（含 *A. bulbifer* 及 *A. erubescens* 种）及弥勒魔芋（*A. muelleri*）4种。珠芽魔芋主要分布于印度尼西亚、泰国中南部区域及中缅边境一带，境内一般分布于我国云南省德宏州弄岛、盈江县铜壁关原始森林一带。

珠芽魔芋（*A. bulbifer*）与弥勒魔芋被认为是十分相近的近缘种，在印缅边境、缅孟边境及印度尼西亚部分亚热带及热带雨林环境有分布，常不易区别。另一个在叶面生长有气生珠芽球茎的种是 *A.erubescens*，其花型与 *A.bulbifer* 十分相似，但开花结籽方式与 *A.bulbifer* 及 *A.muelleri* 完全不同。*A.erubescens* 开花仍为有性繁殖。但攸乐魔芋、珠芽魔芋及弥勒魔芋开花未授粉以无融合性生殖（apomixis）的方式结籽。

Brandham 研究认为，*A. bulbifer* 和 *A. muelleri* 属三倍体，即 $2n = 39$ 对染色体的魔芋种，具有较强的生长势。而弥勒魔芋、攸乐魔芋与花魔芋、白魔芋一样为二倍体魔芋，即 $2n = 26$ 或 28 对染色体，开花仍为有性繁殖。

珠芽类魔芋属大型魔芋，其茎秆粗壮，叶面积大，整张叶片伸张后表面直径可达 1.5m 左右，植株高度可达 2m，并有多苗同体、多苗异体及花叶同株现象，三年生块茎重达 $2 \sim 3kg$。一般每公顷产量 $30 \times 10^3 kg$，高的可达 $60 \times 10^3 kg$ 以上。

国内试验种植的珠芽魔芋大部分来自云南中缅边境地区，因组织带淡红色，当地人称此类魔芋为"红魔芋"，即 *A. bulbifer* 和 *A. erubescens* 种，以区别于白魔芋和花魔芋。国内部分魔芋同行对红魔芋已有一定认识：对于红魔芋这个种，国内学术界基本持否定态度，特别是魔芋产业界基本不收购红魔芋。原因是红魔芋并不具备优良品种的特性，其组织中魔芋多糖黏度过低，无法生产出合格产品。但红魔芋有明显的抗性，生长能力强、膨大率高，适于在高温、高湿环境生长，经加倍后可作为良好的育种材料。

珠芽类魔芋中的弥勒魔芋是一个高价值品种。该种具明显的高抗特性，生长速度快，繁殖系数大，葡甘聚糖含量高于50%，精粉的黏度高，分子链降解慢，是克服传统种植魔芋品种生长瓶颈的理想新品种。该品种植株绿色中间杂有白斑，长势旺盛，植株叶片周围具有特殊的洋红色（或橘红色）边缘。其整个植株翠绿的叶片及十分清秀的叶柄，是一种居家栽培及投资规模种植的理想观赏植物及高价值经济植物，具有极高的观赏价值（图4-3～图4-5），同时开花后，每一植株可获成熟种子600～1000粒。

对珠芽类魔芋中 *A. erubescens*、*A. bulbifer* 及弥勒魔芋3个种的部分理化指标进行测定，结果表明：在黏度方面，弥勒种的魔芋精粉黏度（最高可达40000 mPa·s）已远高于农业部标准规定的22000 mPa·s。且在常温贮存条件下弥勒种的黏度数值长时间变化不大，产品货架期长。相比之下，红魔芋2个种精粉的黏度数值低，一般仅有几千，甚至完全不能测量出黏度数值，是一种劣质品种，不宜发展。

下面为弥勒魔芋的植株、花序及无性生殖种子，见图4-3～图4-5。

4. 其他魔芋种质资源

田阳魔芋 [*A. corrugatus* N.E.Brown(*A.tianyangense* P.Y，Liu.et S.L.Zhang)]，该品种似勐海魔芋，但本品种果实成熟后呈现橘红色，球茎内切面为黄色，是中国栽

图4-3　弥勒魔芋植株（引自张东华的微博）

图4-4　弥勒魔芋花序及色泽（引自张东华的微博）

图4-5 弥勒魔芋种子（引自张东华的微博）

培种中黄魔芋群中的重要品种，其葡甘聚糖干基含量近50%。

西盟魔芋（*A. krausei* Engler）似白魔芋，但植株比白魔芋高大，其不育雄花序能发出不愉快的沼气味，该品种主要分布于云南、泰国及缅甸北部的原始常绿或落叶林的荫蔽或开阔处，常与竹混生在花岗岩成土或近溪流处，从低地到1500m高处均有分布。该种的橘黄色球茎含葡甘聚糖48.87%。品质良好，为黄魔芋类型中的重要一员。

勐海魔芋（*A. kachinensis* Engl.et Genrm），主要分布在云南、泰国、缅甸北部及老挝等地，生长于石灰岩茂密森林及1000～1500m高处地区，该品种似田阳魔芋。葡甘聚糖含量约为40%，低于田阳魔芋的葡甘聚糖含量。

攸乐魔芋（*A.yuloensis* H.Li）为中国特有品种，似珠芽魔芋（*A.bulbifer*），球茎内部呈黄色，属于黄魔芋类型中可供利用的品种。该种含葡甘聚糖33.65%，淀粉38.75%。

第二节

魔芋杂交育种策略与进展

我国目前生产用花魔芋、白魔芋等栽培种均属群体品种，因长期无性繁殖，品种混杂，种性退化，块茎膨大率低，病害严重，产量低，不能适应魔芋生产发展的要求。因此，利用我国魔芋种质资源丰富的优势，开展优良品种的选育，采用种间、种内杂交育种，以选育高产、稳产、优质、繁殖系数大、抗逆性强的优良新品种，是魔芋种植业稳定发展的重要课题。

魔芋属于雌雄同株植物。魔芋的花序可分为三部分（图4-6），最上端为花序的附属器，能产生臭味，来吸引苍蝇、甲虫等帮助授粉，中间一部分为雄蕊，成熟期晚于雌蕊，最下部为雌蕊，是魔芋结果实部分。但魔芋花序的特点是雌蕊先成熟，雄蕊后成熟，同时雌蕊在开花期能授粉的时间很短，由于雌、雄蕊成熟期不同，往往待雄蕊成熟时，雌蕊已经错过了授粉的时机，导致自交花期不遇，自然形成了生殖隔离现象，所以魔芋为异花授粉植物。魔芋种质资源丰富，可采用杂交育种方式把魔芋的种质优势杂合起来。

附属器（产生臭味，吸引苍蝇或甲虫来授粉）

雄蕊（成熟期晚于雌蕊，导致自交不育）

雌蕊（成熟早于雄蕊，导致自交不育）

苞叶（保护花序）

图4-6　魔芋的花序

魔芋品种杂交试验表明，在附属器释放臭味后，雄蕊成熟散粉前 1 ～ 2 天进行种内和种间异花人工授粉，结实率非常高；当魔芋在雄蕊成熟散粉时，用同株花粉或异株花粉、不同品种的花粉进行人工授粉，结实率很低。说明魔芋要想杂交成功，必须选取最佳授粉时间，这可能是魔芋进化造成的，达到自交不亲和的同样功效。

日本从第二次世界大战后就开始了魔芋品种培育研究。在群马县农业试验场金岛试验地，山贺一郎研究小组首先以中国花魔芋品种为母本，以日本当地种（在来种）为父本杂交培育的叶柄为黑色的"农林 1 号"（榛名黑），品质得到较大提高，对日灼病和缺素症抗性较强。该研究小组随后又用日本金马本地种（父本）与中国花魔芋品种（母本）杂交获得"农林 2 号"（赤城大玉）品种，该品种膨大系数高，对叶枯病抗性强，是日本的主推品种。在 20 世纪 80 ～ 90 年代，日本科研人员以日本当地种为母本与中国花魔芋高产品种为父本杂交获得"农林 3 号"（妙义丰），其精粉产量显著高于赤城大玉和榛名黑，推广面积正逐步扩大。同时以品质优良的不同本地种分别为父本和母本杂交，获得"农林 4 号"（美山增）（刘好霞，2007），该种产生的根状茎大多为球形，产量及精粉含量极高，属于中熟抗病品种，在日本是一个具有推广前景的贮备品种。

中国的魔芋杂交育种由刘佩瑛教授所开创，张盛林等做了大量工作，分别用花魔芋×花魔芋、花魔芋×白魔芋、花魔芋×田阳魔芋进行杂交，其后代综合了父系和母系的特征，但由于中国目前面临的主要问题是软腐病、白绢病和根腐病严重，这些资源中缺乏抗病特性，所以从这些杂交结果筛选出的品种要达到生产中实际需求还很困难。

在魔芋种质资源中，疣柄魔芋和甜魔芋比较抗软腐病，但张盛林等的研究结果表明：疣柄魔芋×花魔芋、疣柄魔芋×白魔芋授粉后胚胎败育，是否为种质不亲和还有待进一步验证。

如何克服这一技术障碍？

原生质体融合技术可克服常规有性远缘杂交育种中存在的生殖隔离和杂交不亲和性，在植物种质资源创新和品种改良中发挥着重要的作用。张兴国等报道用1%纤维素酶、0.5%离析酶、0.5%半纤维素酶处理白魔芋和花魔芋的愈伤再生植株幼叶可得到原生质体，但由于魔芋属于富含多酚类化合物材料，后续原生质体很难形成细胞壁并再生成植株，这一工作还需要继续研究。

另外，可以尝试利用魔芋的花粉培育愈伤组织方法来进行原生质体融合，可直接创造2倍体的杂交原生质融合体；其次，还可利用体细胞原生质体融合技术创造4倍体或多倍体的魔芋资源。该技术体系的建立可克服魔芋的杂交不亲和难题，是魔芋的重要育种途径，需要尽快取得突破。

对于魔芋杂交育种，有时会发生一些障碍。比如开花魔芋生根困难，吸收养分能力较弱，仅靠自身贮藏的营养来供给魔芋种子成熟，一旦遭遇到任何病害，会导致种子不能成熟或未完全成熟就倒苗。所以对于魔芋杂交育种还是有一些窍门需要掌握。

1. 在做杂交育种时，要尽量减少人为干扰因素

因为魔芋开花期本身就很脆弱，任何损伤都会导致魔芋不到成熟期就倒苗，使杂交失败而收获不到需要的魔芋种子。而杂交过程为了得到自己想要的理想结果，往往采取人工授粉方式，还要把魔芋搬来搬去，这会造成脆弱的魔芋花器不可避免的损伤。为了减少人为干扰因素，笔者创建了一种模拟自然环境的魔芋授粉方式（图4-7）。

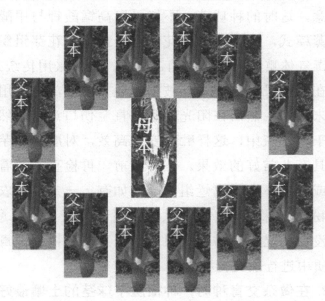

图4-7 魔芋杂交制种时的样本摆放图示

在一个相对隔离的空间里（如网室或玻璃温室），在中央用大的塑料桶种上母本，周边全部种上同一品种的父本（大约12株即可），这样摆放后，在这一空间里面释放5只左右的苍蝇即可达到自然授粉的目的。到时候只收获中间母本的种子，待第二年鉴定。这样做的好处是：①免去了由于人工授粉给魔芋造成的伤害；②不同株系的父本，总有个别株系的雄蕊花期与母本雌蕊的花期是一致的，避免了仅放两盆魔芋（杂交的父本与母本）导致的花期不遇，而造成母本不能结籽的现象。

2. 在做杂交育种时，魔芋的球茎要处理到位

做杂交育种用的魔芋种球茎，要尽量消毒干净。特别注意，这时的种球茎，不能采取高锰酸钾与甲醛的混合熏蒸模式，因为这时的花芽已经显现，花芽组织容易被有毒气体熏死，这时的消毒方式，最好采用传统方式，首先在冬天贮藏前，对有破损的地方，全部用农用链霉素粉末涂抹，然后在阳光下晒干直至伤口愈合，然后贮藏在干草木灰中，这样贮藏安全高效，对魔芋种芋花芽保护具有非常好的效果。在种植前，再检查一遍看有无伤口或种皮下有无腐烂组织，假如有，一定要用农用链霉素粉末涂抹伤口，再在太阳底下晒干直至伤口愈合；假如没有明显伤口与腐烂组织，可直接种植到消毒的育苗基质中进行杂交育种。

3. 在做杂交育种时，种植魔芋球茎的土壤最好选用基质，并且要提前灭菌

在种植魔芋球茎前，最好采用营养基质，而非土壤。因为土壤容易携带病菌，导致魔芋种子不成熟就倒苗；也不要用河沙之类，其营养缺乏，开花魔芋本身生根困难，最好采用无菌的营养土，既能保障魔芋球茎的生根之需，同时还能提供一些必要的矿质元素。但这时的基质最好灭菌，任何细节不注意，就有可能导致当年不必要的材料损失。在灭菌锅条件不具备的情况下，可以就地支起一口大锅，采用蒸汽消毒的方式连续灭菌24h（上面用薄膜或其他覆盖物盖严实，注意不要让蒸汽烫坏覆盖物即可）。

第三节

魔芋抗病育种策略与进展

由于对软腐病（*Erwinia carotovora*）病菌的研究还不足够深入，对于其致病机理、信号传递水平、细菌分泌系统Ⅲ等还不十分清楚，要完全阐明这些内容，需待这一菌株测序后，再经过基因组学研究和蛋白质组学研究，来深入阐释其中的内涵，通过这些靶标再来寻找相应的抗病信息与抗病策略。

一、魔芋抗病育种策略

目前，对于专抗软腐病病菌的抗病基因报道较少，仅有2种抗病基因在实验室被用来转化魔芋，希望达到抗软腐病的目的，分别为编码病程相关蛋白StPRp27（马铃薯受到晚疫病侵扰而产生的应急蛋白）和编码AHL内酯酶（芽孢杆菌产生的一种蛋白，可以降解启动病原菌毒性基因表达的信号分子）的基因。

1. 病程相关蛋白StPRp27

StPRp27是一种植物表达的病程相关蛋白，属于病程相关蛋白第17家族成员(PR-17)。病程相关蛋白是植物面对病原侵染时诱导表达的一类与抗病反应相关的蛋白。1970年，VanLoon等在被烟草花叶病毒侵染的烟草叶片中检测到与过敏反应相关的蛋白，这是最早发现的病程相关蛋白。随后在被真菌、细菌、病毒侵染或昆虫攻击的植株中，先后又发现多种病程相关蛋白。研究发现，在不同物种中发现的某些病程相关蛋白具有很高的序列同源性和相同的生物化学活性，因而将这类蛋白聚合成一个蛋白家族。到目前为止，病程相关蛋白已经包含了17个家族(VanLoon等)，并且不断有新的病程相关蛋白被发现。研究发现，一些病程相关蛋白家族的成员具有一定的抗病功效。如PR-2家族成员编码的蛋白具β-1,3-葡萄糖苷酶活性，PR-3、PR-4、PR-8、PR-11家族成员编码的蛋白则具有几丁质酶活性，这些活性都有助于植物体抵抗真菌的侵染；病程相关蛋白PR-5家族成员则具有抗卵菌活性；PR-6能直接作用于线虫和草食性昆虫，抑制它们的生长和传播；编码蛋白酶抑制子的PR-6家族同样能直接作用于线虫和草食性昆虫；PR-7家族编码的蛋白具有蛋白内切酶活性，它可能通过降解微生物的细胞壁来达到抗病的目的；PR-8家族的成员具有溶解酶素活性，这个家族成员和PR-12、PR-13、转脂蛋白PR-14均具有广泛的抗细菌和真菌活性；PR-9家族编码一类比较特殊的过氧化物酶，它们通过强化植物细胞的细胞壁来增强植物对多种病原的抗性；PR-10家族成员编码的蛋白与核糖核酸酶具有较高的序列同源性，该家族的一些成员具有弱的核糖核酸酶活性和特异的抗病毒功能，是一类非常特殊的病程相关蛋白。PR-15、PR-16这两个蛋白家族成员只在单子叶植物中被发现，它们分别编码草酸盐氧化酶蛋白和类草酸盐氧化酶蛋白，这些蛋白均具有超氧化物歧化酶活性，能够催化产生对多种病原菌有毒的过氧化物；PR-17家族成员编码的氨基酸序列具有5个公共的保守结构域，其中一个结构域含有与人类金属蛋白活性位点相似的氨基酸序列，但是对于这个家族成员所具有的生物学活性和具体功能还不清楚。

病程相关蛋白StPRp27是在研究马铃薯对晚疫病的水平抗性时发现的。当在大肠杆菌中表达并纯化StPRp27蛋白后，经检测该蛋白在0.04m mol/L浓度时能显著抑制魔芋软腐病病菌的生长，到0.08m mol/L时，魔芋软腐病病菌已完全不能生长，表明StPRp27蛋白对魔芋软腐病病菌具有明显抗菌活性，可以用来作为抗魔芋软腐病的转基因材料。

2. 降解AHL信号分子的内酯酶

Dong等(2000)从芽孢杆菌（*Bacillus*）240B1中克隆

了一种新基因——*aiiA*基因，该基因编码的蛋白能降解革兰氏阴性（G⁻）菌产生的AHL信号分子（acyl-homo-serine lactone，也称为AI信号分子，即autoinducer——自动诱导子，在细菌中调控着许多重要基因的表达），由*aiiA*基因编码的蛋白最初被命名为Aii蛋白（autoinducer inaction），序号编为A，所以也被称为AiiA蛋白，在2001年后由Nature杂志编委建议命名为AHL内酯酶（AHL lactonase），所以在2001年后文献中凡涉及该蛋白均采用AHL内酯酶。*aiiA*基因全长753bp，翻译产生包含250个氨基酸的蛋白质，通过BLAST比较发现该基因内部存在两个序列保守区域HLHFDH和HTPGHTPGH。通过定点突变实验，发现蛋白序列中106位、109位和169位的组氨酸是维持该酶活性所必需的，证实了第一个保守区域"HXHXDH"对于维持AHL内酯酶的催化活性是必不可少的，该保守区域类似于乙二醛酶Ⅱ（glyoxalase Ⅱ）、β-内酰胺酶（β-lactamase）和芳基硫酸酯酶（arylsulfatase）的锌离子结合模体，前两个组氨酸参与锌离子的结合，精氨酸残基D_{90}则被推测是参与了AHL内酯酶的催化作用。通过实验证实了AHL内酯酶降解AHL信号分子是通过水解AHL信号分子的内酯键使其丧失作为信号分子的功能（图4-8）。当用该基因转化大白菜软腐病病菌SCG1后，极大地减弱了该菌对大白菜、马铃薯、烟草、茄子等的致病力。Dong等(2001)用根癌农杆菌法把该基因转化烟草、马铃薯后，增强了马铃薯、烟草对大白菜软腐病病菌SCG1的抗性。

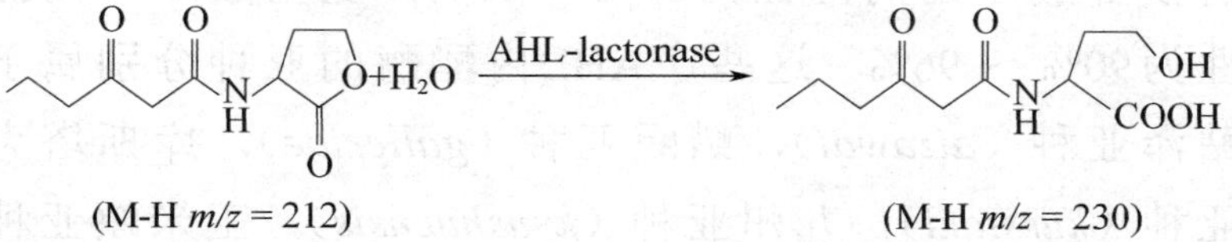

图4-8　AHL内酯酶降解AHL信号分子的机制（Dong等，2001）

　　Dong等(2000)从芽孢杆菌240B1中发现了 *aiiA* 基因后，检测了400多种细菌和100株实验室保藏菌株，从中分离筛选得到24株可以降解AHL信号分子的细菌，其中8株表现出对AHL信号分子的强降解活性，通过对这8株菌进行分类鉴定表明它们都属于苏云金芽孢杆菌。随后对蜡状芽孢杆菌群中苏云金芽孢杆菌（*B. thuringiensis*）、蜡状芽孢杆菌（*B. cereus*）和蕈状芽孢杆菌(*B. mycoides*)中AHL内酯酶活性进行检测，发现所有检测的菌株均表现出降解AHL的活性。而蜡状芽孢杆菌群以外的梭形芽孢杆菌（*B. fusiformis*）和球形芽孢杆菌（*B. sphaericus*）则没有表现出降解AHL的活性。对表现出降解AHL活性的菌株中的基因进行克隆，测序表明它们均属于AHL内酯酶基因。Lee等(2002)在对苏云金芽孢杆菌莫里逊亚种（*B. thuringiensis* subsp. *morrisoni*）测序过程中也发现有 *aiiA* 基因存在，他结合Dong等(2000，2001，2002)的工作，推测苏云金芽孢杆菌中普遍存在编码AHL内酯酶的 *aiiA* 基因，于是检测了16个苏云金芽孢杆菌不同亚种的菌株，均发现有编码AHL内酯酶的基因，与240B1的核苷酸序列同源性为89%～95%，氨基酸序列同源性为90%～96%。这些产AHL内酯酶的亚种分别属于鲇泽亚种（*aizawai*），蜡螟亚种（*galleriae*），库斯塔克亚种（*kurstaki*），九州亚种（*kyushuensis*），玉米螟亚种（*ostriniae*）和亚毒亚种（*subtoxicus*）。该课题组从苏云金芽孢杆菌中克隆的*aiiA*基因在大肠杆菌中表达，产物均表现出较强的AHL内酯酶活性。他们进而推测苏云金芽孢杆菌合成AHL内酯酶可能是为了抵抗与欧文杆菌的竞争而拓展自己的生存范围。

二、转基因魔芋

1. 编码病程相关蛋白StPRp27的基因转化魔芋

StPRp27蛋白序列及共有的保守结构域见图4-9。

MANNIFFISSLFVLAIFTQKIDAVDYSVTNTAANTPGGARFDRDIGAQYSQQTLVAATSFIWNIFQQNSP
ADRKNVPKVSMFVDDMDGVAYASNNEIHVSARYIQGYSGDVRREITGVLYHEATHVWQWNGNGGAPGGLI
EGIADYVRLKAGLGPSHWVKPGQGNRWDQGYDVTAQFLDYCNSLRNGFVAELNKKMRNGYSDQFFVDLLG
KTVDQLWSDYKAKFGA

图4-9　StPRp27蛋白序列及共有的保守结构域

(暗底区域表示保守结构域)(摘自华中农大陈伟达的硕士论文)

StPRp27-GST融合蛋白对魔芋细菌性软腐病病菌的抑制作用见图4-10。

图4-11为培养两周的花魔芋试管苗叶柄切段转化后

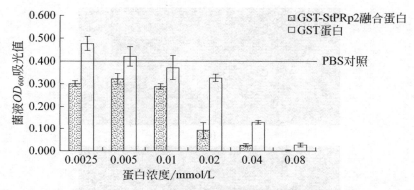

图4-10　StPRp27-GST融合蛋白对魔芋细菌性
软腐病病菌的抑制作用

（摘自华中农大陈伟达的硕士论文）

愈伤组织诱导过程。从图中可以看出，筛选培养一周后，叶柄切段形态学下端部分细胞开始分裂形成白色小细胞团[图4-11(a)]，随着筛选时间的延长，细胞团逐渐增殖生长，同时这种生长带来的张力使部分叶柄形态学下部裂开[图4-11(b)]，同时愈伤组织形成[图4-11(c)]。观察发现，经转化的叶柄切段与非转化的叶柄切段愈伤组织诱导过程在形态学上存在差异，非转化叶柄在愈伤组织诱导过程中往往是叶柄形态学下部整体的膨大，并且诱导形成的愈伤组织一般是粉红色或红褐色。经转化后，叶柄切段在形态学下部的切面首先局部细胞分裂形成细胞团，且最初诱导得到的愈伤组织为白色。随着培养时间的延长，诱导形成的白色愈伤组织的颜色逐渐开始变化，起初是局部地区出现微红，随后这种红色开始逐步扩散并加深。

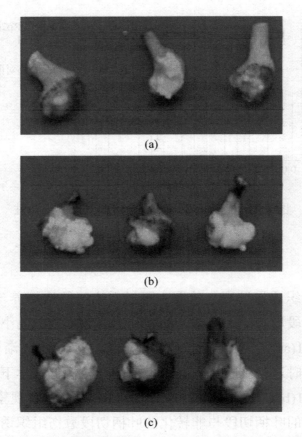

图4-11 培养两周叶柄切段转化StPRp27基因后愈伤组织诱导过程
（a）转化后筛选培养一周；（b）转化后筛选培养两周；（c）转化后筛选培养三周。（摘自华中农大陈伟达的硕士论文）

转化后的叶柄切段经过三次继代培养(六周)诱导形成愈伤组织后，转入分化培养基，经黑暗培养一周后转入光照培养。愈伤组织在分化培养中经继代3次(约12周)后开始分化，能得到正常的试管苗(图4-12)。

图4-12　抗性愈伤组织分化得到的转基因魔芋苗
（摘自华中农大陈伟达的硕士论文）

M 01 02 03 04 05 06 07 08 09 10 11 12 13 14 15 16

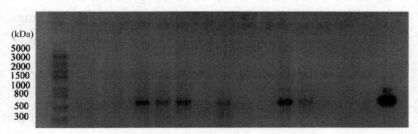

图4-13　转化试管苗的PCR检测

M—分子量标准；泳道01 ～ 12—检测的转化花魔芋试管苗；泳道13 ～ 14—
非转化花魔芋试管苗对照；泳道15—清水模板对照；泳道16—阳性质粒对照
（摘自华中农大陈伟达的硕士论文）

从图4-13中可知部分魔芋苗是转基因成功的（泳道
04、05、06、08、11、12），可以进一步用来扩繁和检测抗病性。

虽然StPRp27蛋白具有一定抵抗魔芋软腐病病菌的能力，但在魔芋体内表达的量是否能足够抵御软腐病病菌的入侵还有待实践检验。后续工作还需要进一步开展，以达到生产实践的要求，当然，转基因植物能否正常进入市场还有待政府部门的准入。

2. 编码AHL内酯酶的基因转化魔芋

（1）不同浓度激素组合对花魔芋愈伤组织形成的影响 预培养时发现2,4-D对魔芋愈伤组织培养有明显抑制作用，所以在设计魔芋愈伤组织的诱导培养基时没有添加2,4-D。从表4-1中可以看出，不同浓度激素组合的培养基对花魔芋愈伤组织的诱导率是不一致的。配方为MS+0.5 ～ 1.0mg/L 6-BA +1.0 ～ 1.5mg/L NAA的培养基上愈伤组织诱导率大多在60%以上；配方为MS+0.5mg/L 6-BA+1.0mg/L NAA的培养基最早形成愈伤组织，诱导率也最高，达到84.62%，并且由30天、45天和60天的统计结果可以看出，该配方极有利于愈伤组织生长，表现出生长快、生长势旺盛、诱导率高等特点。但该配方在生长一段时间后容易诱导生出大量的根，所以后来通过进一步研究逐渐降低了NAA的浓度，最后选用的愈伤组织诱导配方为MS+1.0mg/L 6-BA+0.5mg/L NAA。在6-BA和NAA基础上加入KT的培养基，其愈伤组织诱导率与没有加KT但其他成分相同的培养基相比较，愈伤组织形成率没有很大的差异，并且在一定程度上还有所下降，故由此得出，KT对花魔芋愈伤组织形成没有太明显的作用，所以在魔芋愈伤组织的诱导培养基中只需要添加6-BA和NAA就能达到目的，该结果与刘贵周（2003）、黄远新（2003）和柳俊（2001）报道的结果基本一致。

（2）不同浓度激素组合对花魔芋愈伤组织不定芽的诱导　接种后25天左右，其组织块继续生长扩大，在愈伤组织表面刚开始形成许多粉红色的小芽点，在光照条件下，芽逐渐转绿变大，生长旺盛。随着培养时间的延长，芽点继续扩大，40天统计芽苗分化频率。从表4-2中可以看出，MS+0.5mg/L 6-BA+0.5mg/L NAA+2.0mg/L KT、MS+1.0mg/L 6-BA+0.5mg/L NAA+2.0mg/L KT、MS+2.0mg/L 6-BA+0.5mg/L NAA +1.0mg/L KT这三种培养基的芽诱导率均在45%以上。从实验过程中观察到，6-BA具有较强的促进芽分化能力，KT则对芽的诱导分化具有明显促进作用。

在实验结果的基础上，通过改善光照、温度等培养条件(40W日光灯14h/天)，对筛选出的三种培养基(MS+0.5mg/L 6-BA+0.5mg/L NAA+2.0mg/L KT、MS+1.0mg/L 6-BA+0.5mg/L NAA +2.0mg/L KT、MS+2.0mg/L 6-BA+0.5mg/L NAA +1.0mg/L KT)，外加上苏承刚等报道的诱导芽分化能力较强的培养基，对条件进一步进行优化。从表4-3中结果可以看出，设计的4种培养基均有诱导魔芋愈伤块出芽的能力，而以配方MS+1.0mg/L 6-BA +1.0mg/L NAA+0.5mg/L KT的诱导率最好，高达73.81%，并且此配方诱导的芽点数最多，每块愈伤组织有4～5个，芽点生长很快，生活力高。

表4-1　不同激素组合对魔芋愈伤组织形成率的比较

培养基/(mg/L)	接种数/个（球茎组织）	出愈数/块			愈伤组织诱导率/%
		30天	45天	60天	
	38	0	0	0	0
MS+0.5 6-BA+0.5 NAA	44	9	21	24	54.55
MS+0.5 6-BA+1.0 NAA	39	14	32	33	84.62
MS+0.5 6-BA+1.5 NAA	40	7	26	29	72.50
MS+1.0 6-BA+0.5 NAA	31	7	17	17	54.80
MS+1.0 6-BA+1.0 NAA	42	11	27	29	69.05
MS+1.0 6-BA+1.5 NAA	39	8	21	24	61.54
MS+1.5 6-BA+0.5 NAA	60	12	27	28	46.67
MS+1.5 6-BA+1.0 NAA	32	5	12	17	53.13
MS+1.5 6-BA+1.5 NAA	41	9	16	19	46.34
MS+2.0 6-BA+0.5 NAA	26	5	11	11	42.31
MS+2.0 6-BA+1.0 NAA	28	6	14	14	50.00
MS+2.0 6-BA+1.5 NAA	40	8	16	17	42.50
MS+0.5 6-BA+0.5 NAA+0.5 KT	25	7	13	15	52.00
MS+1.0 6-BA+1.0 NAA+1.0 KT	23	9	14	13	65.22
MS+1.5 6-BA+1.5 NAA+1.0 KT	32	6	12	14	43.75
MS+1.5 6-BA+1.5 NAA+1.5 KT	32	4	10	12	37.5
MS+1.5 6-BA+1.5 NAA+2.0 KT	28	5	9	11	39.29

表4-2 激素组合对魔芋愈伤组织芽诱导率的比较

培养基 /（mg/L）	愈伤块 /块	出芽数 /个	愈伤组织诱 导率/%
MS+0.5 6-BA+0.5 NAA+1.0 KT	26	10	38.46
MS+0.5 6-BA+0.5 NAA+2.0 KT	30	14	46.67
MS+1.0 6-BA+0.5 NAA+1.0 KT	42	4	14.29
MS+1.0 6-BA+0.5 NAA+2.0 KT	26	12	46.15
MS+1.5 6-BA+0.5 NAA+1.0 KT	36	8	22.22
MS+1.5 6-BA+0.5 NAA+2.0 KT	30	5	33.33
MS+2.0 6-BA+0.5 NAA+1.0 KT	40	18	45.00
MS+2.0 6-BA+0.5 NAA+2.0 KT	40	4	10.00
MS+1.5 6-BA+0.5 NAA	48	8	16.67

表4-3 激素组合对魔芋愈伤组织芽诱导率的比较

培养基/（mg/L）	愈伤块 （光照14h/ 天）/块	出芽数/个	愈伤组织诱 导率/%
MS+0.5 6-BA+1.0 NAA+0.5 KT	41	22	53.66
MS+1.0 6-BA+1.0 NAA+0.5 KT	42	31	73.81
MS+2.0 6-BA+0.5 NAA+0.5 KT	31	19	61.29
MS + 1.5 6-BA+0.01NAA+0.5 KT	29	13	44.83

（3）不同浓度激素组合对花魔芋愈伤组织根的诱导

根据鲁红学、吕世安、苏承刚、王玲、曾昭初、黄丹枫等的报道，魔芋生根只需要添加一定浓度的NAA即可，设计了系列NAA浓度，并对MS的浓度进行了一定调整。

通过增殖培养阶段产生的魔芋丛苗经切成单株后接入到不同生根培养基中生根，经培养20 ~ 30天后，绝大部分都能正常生根，所长的根为乳白色，暴露在空气中的根表面长有许多白色小绒毛，而浸没于培养基中的根则没有。表4-4表明，单株苗转到MS（或1/2MS）+0.1 ~ 0.5mg/L NAA生根培养基上都能生根，但有一定差异，最佳生根培养基是1/2MS+0.3 ~ 0.5mg/L NAA，生根率达到100 %。

表4-4　不同培养基的生根率比较

培养基 / (mg/L)	接种分化苗 / 株	生根的苗		诱导率 /%
		数量 / 根	根的状态	
MS+0.1 NAA	35	34	稀疏、一般	97.14
MS+0.3 NAA	32	32	稀疏、旺盛	100
MS+0.5 NAA	34	34	浓密、旺盛	100
1/2MS+0.1 NAA	30	30	稀疏、旺盛	100
1/2MS+0.3 NAA	36	36	浓密、旺盛	100
1/2MS+0.5 NAA	35	35	浓密、旺盛	100

（4）魔芋植株再生　将生芽、生根完全的组培苗转入不含激素的MS培养基中，培养一段时间后，芽越长越大，逐渐抽出几片鳞叶和绿色复叶，叶柄逐渐变粗，此时将封口膜打开，加入少许高锰酸钾溶液，炼苗一个星期后，用镊子小心取出试管苗，洗净残留的琼脂块，在84消毒液中消毒5min，移栽至已消毒的蛭石中，并浇上1/2MS营养液，用薄膜覆盖保湿，只要再生苗的根完整、

旺盛，该方法可使再生苗成活率达80%以上。

（5）AHL内酯酶基因的改造与合成（图4-14） 通过对魔芋氨基酸密码子的使用频率进行统计，对该序列中不适合在魔芋体内表达的密码子进行了修改（大写字母为修改后的核苷酸），并在V-gene公司合成了改造的*aiiA*基因，插入到pUC18载体中。

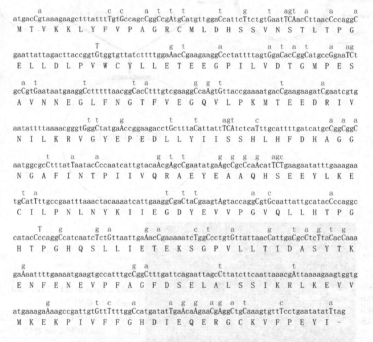

图4-14 编码AHL内酯酶的原始基因及改造后的基因序列

连续的小写字母代表编码AHL内酯酶的核苷酸序列，间隔的小写字母代表基因按照魔芋编好的密码子更改的部分，大写字母代表翻译后的AHL内酯酶的氨基酸序列（AHL内酯酶在Y.H.DONG发表的第一篇关于该酶文章中被命名为*aiiA*基因，后来Nature杂志编委认为应该定名为AHLase，以下*aiiA*基因编码的蛋白均变更为AHL内酯酶）

（6）农杆菌双元载体PU1301-*AHLase*的构建　见图
4-15。

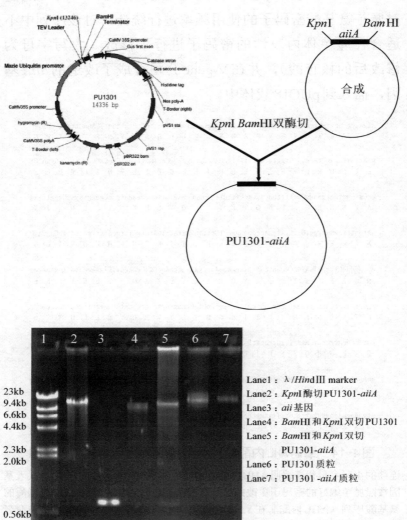

图4-15　质粒PU1301-*aiiA*的构建流程图及其酶切电泳图谱

（7）农杆菌介导的魔芋转化系统

① 潮霉素筛选压的确定　筛选压的大小直接影响遗传转化的筛选效果，选择适宜的抗生素浓度是最终获得转基因植物的关键步骤。潮霉素筛选浓度过低，非转化细胞大量成活，转化细胞受排挤而逐渐丢失，筛选剂浓度过高，抑制真正转化子的生长，进而死亡，降低转化效率。把愈伤组织接种到含潮霉素系列梯度抗性培养基上，一直到12天时，才观察到褐化现象，而一般其他愈伤（如水稻）对潮霉素的致褐现象显现只需7天，说明魔芋愈伤对潮霉素反应延迟。培养15天后，潮霉素浓度为7.5mg/L和10mg/L的培养基上的愈伤没有褐化（表4-5），而浓度高于20 mg/L的培养基上的愈伤开始有褐化死亡现象，并随浓度的增高死亡率逐渐加大；培养30天后，潮霉素浓度为50mg/L、75mg/L和100 mg/L的培养基上的愈伤全部褐化死亡，潮霉素浓度为22.5mg/L的培养基上的愈伤褐化死亡率也达到95%，浓度低于30mg/L的培养基上的愈伤死亡率低于80%。故前期筛选培养基中潮霉素的浓度选择22.5mg/L，后期选择37.5mg/L。

表4-5　潮霉素筛选压的确定

潮霉素浓度 /（mg/L）	外殖体个数 /个	外殖体褐化率 （15天）/%	外殖体褐化率 （30天）/%
7.5	100	0	20
10	100	0	30
22.5	100	4	90

续表

潮霉素浓度 /（mg/L）	外殖体个数 /个	外殖体褐化率 （15天）/%	外殖体褐化率 （30天）/%
37.5	100	10	98
50	100	20	100
75	100	20	100
100	100	31	100

② 含 *aiiA* 基因魔芋的初步筛选结果　把魔芋愈伤组织用根癌农杆菌EHA105（含质粒PU1301-*aiiA*）悬浮、浸泡后，在共培养基上暗培养，然后在潮霉素的浓度为22.5mg/L的培养基上进行初筛，约20天后将未褐化的愈伤转到浓度为37.5mg/L的潮霉素培养基上进一步筛选，根据培养基营养利用状况，2～3周更换一次培养基，待抗性愈伤稍微膨大突出褐化的愈伤组织后，切下抗性愈伤，移入抗性分化培养基中（含37.5mg/L的潮霉素），26℃弱光培养进行魔芋苗的分化（图4-16），然后对分化的每一株魔芋苗进行扩繁（图4-17），然后对插入的 *aiiA* 基因进行鉴定，绝大部分转化苗能够扩增出 *aiiA* 基因（图4-17），说明转化初步获得成功（图4-18），下一步要进行抗病性检测（图4-19）。

3. 魔芋抗病育种小结

在细胞或组织水平，采用相应的胁迫因子(如细菌滤液、毒素等)诱导和选育抗病突变体。吴金平（2005）利用甲基磺酸乙酯、软腐病菌滤液处理魔芋愈伤组织，在离

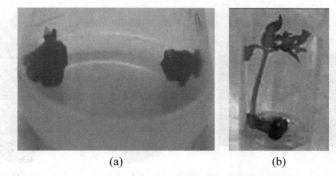

图4-16 转 *aiiA* 基因魔芋苗的筛选与诱导成苗

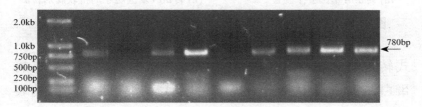

图4-17 转 *aiiA* 基因魔芋苗的PCR验证

图4-18 转 *aiiA* 基因魔芋苗及其移栽

体条件下筛选到抗魔芋软腐病抗源材料，这一工作还在进行抗病性验证工作。

在分子水平上，可通过转基因方法直接获得抗病魔芋新种质。目前已有2个抗病基因通过根癌农杆菌介导方

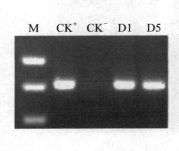 

(a) 转 *aiiA* 基因分子验证   (b) 转 *aiiA* 基因魔芋的抗软腐病检测

图4-19　转 *aiiA* 基因魔芋室外移栽后的验证与抗病性检测

式转入魔芋植株。首先转入的一个抗病基因是 *aiiA* 抗病蛋白，该蛋白主要是干扰魔芋软腐病病菌毒性基因的表达（周燚等，2004），经过人工改造后，转入清江花魔芋体内，转基因植株的抗病性大大增强（周盈等，2006；Ban等，2009）。另一个是StPRp27抗病基因，该基因编码病程相关蛋白，是在研究马铃薯对晚疫病的水平抗性时从马铃薯cDNA文库中发现的（Tian等，2003）。严华兵（2005）利用农杆菌介导方式把StPRp27抗病基因转化白魔芋，陈伟达（2009）把该基因转化花魔芋，均获得阳性克隆子，经检测其抗病性高于正常白魔芋和花魔芋品种，可利用这一途径创造新的抗病种质资源。

　　由于魔芋组织培养的继代一直没有找到理想的途径，到目前为止关于魔芋遗传转化成功的报道不多，到目前为止仅有几例报道。研究发现，当以愈伤组织为外植体进行遗传转化时，转化后的愈伤组织很容易褐化死亡，并且转化后诱导得到的愈伤组织很难分化。研究还发现，在以叶柄切段为外植体进行遗传转化时，不进行预培养或预培养一周的叶柄切段转化后均褐化死亡。周盈等(2006)以潮霉素抗性基因为选标记构建农杆菌转化载体，初步建立了根癌农杆菌介导的花魔芋遗传转化体系。他们发现在筛选培养时，20mg/L潮霉素在短时间内不能有效抑制非转化细胞的生长，而在22.5mg/L潮霉素的筛选条件下既能够有效抑制非转化细胞的生长，又不会造成非转化细胞的过早死亡而影响转化细胞的正常生长，因而是较为理想的筛选条件。目前的研究表明，白魔芋具有良好的培养反应体系，转基因体系的建立也相对容易，但花魔芋因其培养反应慢、容易褐化、再生植株困难致使转基因难度更大，尽管有几例转基因研究报道，但转化体系仍然不成熟。

第四节

魔芋多倍体育种策略与进展

多倍体育种是人工诱导使植物染色体数目加倍的育种技术。由于多倍体植物细胞体内染色体的加倍，合成代谢旺盛，生长势增强，同时抗逆能力也得到提高，该技术在植物育种途径中占有重要地位。特别是对于以营养生长器官为主要收获对象的植物（如马铃薯、魔芋、山药、芋头、菊芋、半夏、木薯、生姜、甘蔗等），应用多倍体技术进行育种，可以大幅度提高作物的产量。

对于栽培魔芋种质资源，一般为二倍体，如花魔芋、白魔芋等，只有珠芽魔芋为三倍体植株，珠芽魔芋的长势明显强于花魔芋与白魔芋，说明魔芋多倍体具有较大的应用空间。但多倍体培育也存在巨大的技术困难，主要是培育的多倍体植株往往是嵌合体，就是多倍体植株中既含有二倍体细胞，也含有四倍体、八倍体细胞，由于多倍体细胞的染色体含量增加1倍，其代谢还不完全正常，导致其分裂增殖速度要慢于正常二倍体的细胞代谢。这会导致培育的多倍体植株假如是嵌合体，则多次分裂后，会导致二倍体细胞占优势，四倍体细胞慢慢减少，最终突变会消失，导致多倍体诱导失败。这是所有多倍体培育过程中最难的环节。

日本从20世纪50年代开始培育四倍体魔芋，西山市三等在日本育种学杂志报道：利用0.1%、0.2%、0.4%的秋水仙碱处理花魔芋品种"在来种"、"备中种"和"支那种"，分别从"在来种"和"备中种"获得变异的魔芋品种，其细胞中部分染色体为52对，相当于二倍体的两倍（图4-20）。1986年至今群马县试验场的研究人员继续在魔芋多倍体育种项目上进行深入研究，试图获得稳定的多倍体魔芋植株，进而培育三倍体和五倍体的魔芋，这项工作还在延续。

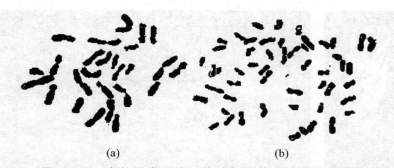

(a) (b)

图 4-20 魔芋根尖细胞二倍体与四倍体染色体比较

(a)二倍体魔芋的细胞染色体，共有26条染色体；(b)四倍体魔芋的细胞染色体，共有52条染色体

中国从21世纪开始进行魔芋多倍体研究，由刘佩瑛科研团队率先开始诱导白魔芋四倍体材料。刘好霞等采用种子浸泡法、根状茎顶芽滴液法和愈伤组织诱导法进行白魔芋多倍体诱导，获得一株四倍体植株，但经过多年培育后重新恢复为二倍体，说明当时的植株体内除了四倍体细胞外，还含有部分二倍体细胞，最后二倍体细胞占据优势，并逐步取代了四倍体细胞，导致培育失败。

笔者在2008～2010年针对清江花魔芋品种进行了四倍体诱导工作，在当年获得了四倍体植株（图4-21），其叶片形态成扇状，相当于二倍体叶两倍，光合效率大大提高。但在随后的稳定性检测中发现该植株为嵌合体，慢慢恢复转变为二倍体植株，属于失败的诱导。

综合分析这些多倍体培育过程，多数培育的植株属于嵌合体，我们对这些结果进行必要的反思：首先，我们要避免大团的多细胞组织诱导，因为秋水仙碱诱导后，

(a)   (b)

图 4-21　二倍体与四倍体花魔芋叶片形态比较

(a)四倍体花魔芋刚出土的幼苗；
(b)四倍体花魔芋(左半部)与二倍体花魔芋(右半部)叶片形态区别

这些组织里一定含有二倍体、四倍体、八倍体、甚至十二倍体等细胞，虽然诱导当年会出现四倍体植株表现，但最后都会慢慢被二倍体细胞快速分裂所掩盖，进而恢复到二倍体水平；其次，当细胞团中含细胞过少时，秋水仙碱诱导后易导致细胞变黑全部死亡（主要是分裂紊乱，导致细胞不均匀分裂最终细胞非正常死亡）而得不到需要的多倍体。

　　基于以上分析，多倍体诱导最好从植物本身的生长点组织（含有细胞量较少的组织，如根尖、胚芽、茎尖等生长点）着手，一般来说，从无菌胚出发，应该最容易获得多倍体植株，这对于种子易得的植物尤为重要，但对于种子难以获得或种子本身较大（如魔芋等，需要4～5年才开花，结的种子一般有2g左右，难以看到常规意义上的胚）的植物来说，利用胚获得多倍体就变得较为困难。对于魔芋来说，从胚入手难以达到目标，就得重新考虑其他途径，笔者曾经从愈伤组织开展了诱导工作，但最后难以获得纯化的多倍体细胞组织而失败了。

综合以上考虑，笔者创造了以魔芋为研究对象的多倍体诱导方法。

① 魔芋消毒的芽尖诱导愈伤组织的形成。

② 诱导芽的形成。

③ 诱导根的生成。

④ 诱导无菌魔芋植株的生成。

⑤ 诱导无菌魔芋小球茎的形成。

⑥ 在灭菌的1/2MS培养基上诱导出苗、生根。（以下步骤可以参照图4-22）

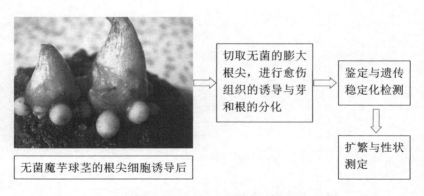

无菌魔芋球茎的根尖细胞诱导后　⇒　切取无菌的膨大根尖，进行愈伤组织的诱导与芽和根的分化　⇒　鉴定与遗传稳定化检测　⇓　扩繁与性状测定

图4-22　从无菌球茎培育4倍体魔芋材料的技术路线图

⑦ 待根生长达到2～3cm时，用无菌2‰秋水仙碱处理魔芋根系。

⑧ 待根系末端变成球状体时，切割，进行愈伤组织诱导。

⑨ 愈伤组织膨大后，进行芽的诱导。

⑩ 进行根的诱导。

⑪ 进行稳定化培育与鉴定。

⑫ 魔芋多倍体的扩繁。

⑬ 移植到盆栽试验，观察性状。

⑭ 测定各项性能指标。

参考文献

[1] 曹坳程. 中国甲基溴土壤消毒替代技术筛选 [M]. 北京：中国农业大学出版社，2003:19-35.

[2] 陈伟达. 病程相关蛋白基因 StPRp 对魔芋软腐病抗性研究 [D]. 武汉：华中农业大学(博士论文)，2009.

[3] 崔鸣，张盛林，谢利华等. 秦巴山区白魔芋和花魔芋抗病性试验研究 [J]. 中国农学通报，2001，17(5) :21 - 23.

[4] 崔鸣. 魔芋遮阴防病试验初报 [J]. 湖北植保，1999, (5) :19-20.

[5] 常月梅. 果树多倍体鉴定进展 [J]. 山西林业科技，2000，3(1): 1-4.

[6] 杜良成，王均. 病原相关蛋白及其在植物抗病中的作用 [J]. 植物生理学通讯，1990，4:1-6.

[7] 高伟平，曾新，陈集双等. 加倍体半夏与野生半夏中有效成分的比较测定. 中国药学杂志，2011，46(21): 1625-1629.

[8] 龚宗俊. 西瓜多倍体育种新进展 [J]. 中国西瓜甜瓜，1993，(3): 22-23.

[9] 胡建斌，柳俊，谢从华. 魔芋不同类型愈伤组织及分化能力研究 [J]. 华中农业大学学报，2004，23: 645-658.

[10] 胡建斌. 魔芋离体形态发生机制及其繁殖技术 [D]. 武汉：华中农业大学(博士论文)，2006.

[11] 黄丹枫，刘佩瑛. 魔芋再生植株形态发生途径的细胞组织学观察 [J]. 上海农学院学报，1994，12:25-30.

[12] 黄俊斌，邱仁胜，赵纯森等. 魔芋软腐病病原菌的鉴定及生物学特性初步研究[J]. 华中农业大学学报，1999，18 (05): 413-415.

[13] 黄俊斌，向发楚. 魔芋软腐病病原菌的鉴定及生物学特性初步研究[J]. 华中农业大学学报，1999，18(5):415.

[14] 黄群策，孙敬三. 植物多倍性在作物育种中的展望[J]. 科技导报，1997，7: 50，53-55.

[15] 黄远新，何凤发，张盛林. 魔芋组织培养与快繁技术研究[J]. 西南农业大学学报，2003，25:309-312.

[16] 黄训端，周立人，何家庆等. ^{60}Co-γ 射线辐照花魔芋球茎的早期诱导效应研究[J]. 激光生物学报，2004，13(4): 306-313

[17] 胡楠. 魔芋浅层液体组织培养及多倍体诱导研究[D]. 重庆：西南大学，2011.

[18] 李贞霞，张兴国. 基因枪法介导的魔芋遗传转化研究[J]. 华中农业大学学报，2004，23(6):659-662.

[19] 李贞霞，张兴国. 魔芋的遗传转化[J]. 园艺学报，2006，33(2): 411-413.

[20] 李兴祥，周燚. 湖北省魔芋产业现状及发展对策[J]. 湖北农业科学，2005，(2): 10-12.

[21] 李松，费甫华，张化平等. 魔芋主要病害的发生、危害及防治技术[J]. 湖北植保，2000，(6): 24-26.

[22] 梁风山，罗耀武. 多倍体及其在农业生产中的应用[J]. 国外农学-杂粮作物，1999，19(2):20-30.

[23] 刘金龙，李维群，吕世安等. 魔芋新品种——清江花魔芋[J]. 园艺学报，2004，31(6): 839.

[24] 刘克颐，杨代明. 魔芋杂交新品种选育的研究: 魔芋的杂交

技术 [J]. 湖南农学院学报，1991，17(1): 54-58.

[25] 刘好霞. 白魔芋多倍体诱导技术的研究 [D]. 重庆：西南大学(硕士论文)，2007.

[26] 刘好霞，高启国，夏永久 等. 白魔芋多倍体诱导研究初报 [J]. 中国农学通报，2006，22(11): 83-85.

[27] 刘好霞，张盛林. 魔芋育种研究进展 [J]. 南方农业，2007，(2): 37-40.

[28] 刘佩瑛. 魔芋学 [M]. 北京：中国农业出版社，2004:182-183.

[29] 刘佩瑛，陈劲枫. 魔芋属一新种 [J]. 西南农业大学学报，1984，6 (1): 67-69.

[30] 刘田才. 魔芋配方施肥和病害防治研究 [J]. 中草药，1991，22(11): 511 -513.

[31] 牛义，张盛林，王志敏等. 中国的魔芋资源 [J]. 西南园艺，2005，33(2): 22-24.

[32] 鲁红学，胡桂香，周燚. 荆州魔芋软腐病及其病原菌初步研究 [J]. 湖北农学院学报，2003，23(3):164-166.

[33] 鲁红学，周燚. 类芽孢杆菌在植物病害和环境治理中的应用研究进展 [J]. 安徽农业科学，2008 ，36 (30) :13244-13247.

[34] 牛义，张盛林，王志敏等. 中国魔芋资源的研究与利用 [J]. 西南农业大学学报(自然科学版)，2005，27 (5): 634-638.

[35] 秦乐业. 四种杀菌剂防治魔芋软腐病效果试验 [J]. 湖北植保，1996，(6): 9.

[36] 苏娜，钟伏付，杨廷宪等. 魔芋防病栽培技术体系研究 [J]. 中国植保导刊，2010，30(9): 32-34.

[37] 唐嘉义，张译. 魔芋软腐病原鉴定及部分生物学特性研究 [J]. 云南农业大学学报，2001，16(3):185-187.

[38] 王国馨，罗灿辉，刘克颐. 魔芋软腐病研究[J]. 湖南农业大学学报(自然科学版)，1989，15 (02): 50-57.

[39] 王少南. 魔芋及其病害研究进展[J]. 广西农业科学，2004，35 (1) :68-70.

[40] 吴金平. 利用离体培养技术筛选魔芋软腐病抗源材料的研究[D]. 武汉：华中农业大学(硕士论文)，2005.

[41] 吴金平. 魔芋软腐病菌及其拮抗菌的研究[D]. 武汉：武汉大学（博士论文），2010.

[42] 西山市三，渡部忠広. 人為の倍数植物の研究[J]. 育種学雑誌，1957，7 (2): 125-128.

[43] 张东华，赵建荣，周凡等. 中缅边境一带发展潜力巨大的魔芋新品种——珠芽魔芋[J]. 资源开发与市场，2005，21(2) : 136-138.

[44] 张盛林，刘佩瑛. 魔芋属种间杂交技术研究[J]. 西南农业大学学报，1998，20(1):219-222.

[45] 张盛林，李川，刘佩瑛等. ^{60}Co-γ 射线辐射对花魔芋性状影响初探[J]. 中国农学通报，2004，20(5): 183-184，202.

[46] 张先平. 魔芋软腐病发生规律与防治技术研究[J]. 西北农业学报，2002，11(1): 78-81.

[47] 张兴国，杨正安，杜小兵等. 魔芋ADP-葡萄糖焦磷酸化酶大亚基cDNA片段的克隆[J]. 园艺学报，2001，28(3): 251-254.

[48] 杨正安. AGP基因反义表达载体的构建及遗传转化研究[D]. 重庆：西南大学，2000.

[49] 张琴，闫勇，梁国鲁. 西番莲胚乳愈伤组织诱导和三倍体植株再生[J]. 西南农业大学学报，2000，5: 398-402.

［50］赵家君，陈雁，欧辉. 魔芋软腐病田间药剂防治研究[J]. 耕作与栽培，2002，(2) :52-53.

［51］赵庆云，寸湘琴，张发春等. 魔芋软腐病及其防治[J]. 植物保护，2002，28(6): 55-56.

［52］钟伏付，苏娜，杨廷宪等. 魔芋品种选育与改良研究进展[J]. 湖北农业科学，2011，50(3): 446-449.

［53］周燚，孙明，喻子牛. 细菌中群体感应调节系统. 微生物学报[J]，2004，44(1):770-775.

［54］周燚，孙明，喻子牛. 苏云金芽孢杆菌中*aiiA*蛋白对魔芋软腐病的抗病研究[J]. 武汉大学学报理学版，2004，50(6):741-745.

［55］周燚，严顺，鲁红学. 魔芋防病高产栽培关键技术研究[J]. 安徽农业科学，2004，32(4): 1445-1451.

［56］周燚，李晓蕾，王刚等. 湖北江汉平原魔芋种植技术[J]. 安徽农业科学，2009，37 (32) : 15783-15784，15828.

［57］Ban H, Chai X, et al. Transgenic *Amorphophallus konjac* expressing synthesized acyl-homoserine lactonase (*aiiA*) gene exhibit enhanced resistance to soft rot disease[J]. Plant Cell Rep, 2009, 28(12):1847-1855.

［58］Dong Y H, Xu J L, Li X Z, et al . *aiiA*, an enzyme that inactivates the acylhomoserine lactone quorum-sensing signal and attenuates the virulence of erwinia carotovora[J] . Proc Natl Acad Sci USA ,2000, 97:3526-3531.

［59］Dong Y H ,Wang L H ,Xu J L , et al . Quenching quorum sensing dependent bacterial infection by an *N*-acyl-homoserine lactonase [J] . Nature , 2001 , 411 (6839):813-817.

[60] Hu J B, Liu J, Yan H B, Xie C H. Histological observations of morphogenesis in petiole derived callus of Amorphophallus rivieri Durieu in vitro. Plant Cell Rep., 2005, 24(11): 642-648.

[61] Miller M B , Bassler B L. Quorum sensing in bacteria [J] . A nnu Rev Microbiol, 2001, 55:165-199.

[62] Sambrook J, Russel D W. Molecular cloning : a laboratory manual. 3rd ed [M] . New York:Cold Spring Harbor Laboratory Press, 2001.

[63] Von Bodman S B, Bauer W D, Coplin D L. Quorum sensing in plant pathogenic bacteria[J]. A nnu Rev Phytopathol, 2003, 41:455-482.

[64] Welch M, Todd D E, Whitehead N A , et al . *N*-acyl homoserine lactone binding to the CarR receptor determines quorum-sensing specificity in erwinia [J] . EMBO J ,2000,19 (4): 631-641.

[65] Wu J, Ding Z, Diao Y, et al. First report on *Enterobacter* sp. causing soft rot of Amorphophallus konjac in China[J]. Journal of General Plant Pathology, 2011, 77(5): 312-314.

[66] Zhou Yi, Yong-Lark Choi, Ming Sun, et al. Novel roles of *Bacillus thuringiensis* to control plant diseases[J]. Appl Microbiol Biotechnol, 2008, 80:563-572.